Filosofía contemporánea

Las formas de la multitud

COLECCIÓN

NUEVA FILOSOFÍA

Filosofía contemporánea
Las formas de la multitud

Ayoze González Padilla (ed.)

Teresa López Franco | Pablo Verde Ortega
Valentín González Pérez | Francisco José Arrocha García
Vladimir Sosa Sánchez | Michael Thallium
Arantxa Serantes | Sergio Cánovas Flores
Eduardo Torres Morán | Daniel Escoto Ledesma
Nicolás Fuentes Valdebenito | Mariana García Campos
Manuel García Domínguez | Héctor Montón Julve
Saray Rodrígues Pérez | Mijaíl Oyarzabal Zabiyaka

LULAYA
Ediciones

UAM
Universidad Autónoma
de Madrid

LULAYA
FUNK
Asociación Socio-Cultural

NUMINIS
REVISTA DE FILOSOFÍA

COLECCIÓN
NUEVA FILOSOFÍA

Colección Nueva Filosofía, 1.

Primera edición, agosto de 2024.

Copyright 2024 de Numinis Revista de Filosofía.

©Ayoze González Padilla.
©Numinis Revista de Filosofía.
©Lulaya Ediciones.
©Asociación Socio-Cultural Lulaya Funk.
©Universidad Autónoma de Madrid.

Dirección, maquetación y diseño: Ayoze González Padilla.
Edición: Lulaya Ediciones.
Corrección de textos: Lulaya Ediciones y Numinis.
lulayaediciones@hotmail.com.

S/C de Tenerife, España.
www.numinisrevista.com.
www.asociacionlulaya.com.

ISBN Lulaya Ediciones: 978-84-09-62433-1.
ISSN Numinis ed. web: 2952-4105.
ISSN Numinis ed. impresa: 2952-5985.
DL: TF 473-2024.
Impresión: Lulu.com.

Obra en portada: *Las formas de la multitud* de Ayoze González Padilla.

A ti, que nos lees.

ÍNDICE

FILOSOFÍA Y TECNOLOGÍA 57

FILOSOFÍA, MÚSICA Y SOCIEDAD 83

Las formas de la multitud:
Una introducción
Ayoze González Padilla

Numinis Revista de Filosofía (UAM)

Todo surge a partir de una forma, de un estado potencial desde el que brota la multiplicidad de lo posible. Ese estado inicial, previo a toda experiencia, es un estado primitivo del arte donde lo abstracto y lo simbólico lo impregnan todo. Un estado fronterizo, quizás, a partir del cual la vida emerge desde lo inerte a lo orgánico, aunque no toda forma se sustancializa, bien al contrario, solo lo excepcional, lo óptimo, lo propicio y lo favorable es aquello que consigue pasar de un estado potencial a otro en acto.

En ese estado previo de la forma encontramos la imaginación material de los elementos, cada uno de ellos —agua, fuego, aire y tierra— son parte de la combinación a través de la cual se teje un mundo. Cada tejedor tiende a privilegiar su elemento favorable, así hicieron algunos presocráticos y otros; sin embargo, la unidad del elemento hace que ese mundo se parcialice, donde la diversidad de las formas queda reducida a una única sustancia que no propicia el cambio. A pesar de ello, y de cierta beneficencia de la unidad fundamental de lo posible, la imaginación material, la que en realidad construye un mundo de sólidos cimientos, es aquella que conserva la variedad del universo (*Cfr.* Bachelard, 2022, p. 140). Una combinación donde aquello que emerge no está abocado a lo estanco, sino que en su combinación relacional y de *continuum* emergen las verdaderas formas de la multitud, esas que se materializan en vida.

Una vez llegada la vida, la materia imaginada no siempre se sustancializa con el cuerpo soñado. Lo previo aquí es la condición necesaria, pero al mismo tiempo enemiga de lo variable, es aquello que inconscientemente se activa sin que, en potencia, esas formas que combinan sean las que de manera consciente combinaríamos. Pero no todo tiene finalidad, a veces las cosas son sin un motivo de ser o, por el contrario, su finalidad última puede ser la conciencia, de la que en su toma de sí emerge el sentido de la existencia. Y cuando cobramos el sentido, cuando nos hallamos en medio del abismo, volvemos a la forma, al inicio, pero, donde, sin embargo —y esto no siempre lo aprehendemos—, algo ha cambiado. O como por otro lado dirá Kant: «Todos los fenómenos contienen algo de permanente (sustancia) considerado como el objeto mismo, y algo que cambia, considerado como una simple determinación de este objeto, es decir, un modo de su existencia» (Kant, *Crítica de la razón pura*, 1972, p. 177).

La filosofía contemporánea, que se formó a finales del siglo XIX y se ha materializado hasta el momento presente, es un ejemplo de cómo, cuando las unidades materiales se componen y combinan entre sí, emerge la multiplicidad de lo posible. Una diversidad que, si bien ha sido productiva, al mismo tiempo peligra en sucumbir en lo estanco. Por ello, es necesario que, en convergencia con lo de siempre, se abrace lo nuevo, a las nuevas voces que tienen algo que decir, aunque en muchos casos sea sobre lo ya dicho. Pero en ese camino de ida y vuelta siempre emerge algo que previamente no existía, y es ahí donde se produce el cambio.

Este libro pretende ser precisamente eso, una manera de seguir con lo de siempre, pero donde la multiplicidad de las formas (de las voces) propician que, entre tanto, algo termine materializándose. La publicación de este libro ya es un ejemplo de ello. Así, como queremos abrir lo dado hacia nuevas posibilidades, esta obra, escrita por diecisiete autores, se ha dividido en cuatro capítulos. El primero abarca cuestiones filosóficas propiamente, como pueden ser la agencia moral y el derecho penal, donde Teresa López en *Sobre castigo y moralidad* nos habla sobre que «no es evidente por sí mismo, aunque muchas veces la inercia nos lleve a considerarlo así, que a la comisión de un delito de cierta gravedad deba seguir el encierro penitenciario. Pensarlo de este modo involucra un gesto muy problemático: implica no hacernos cargo de que, como sociedades, *toma-*

mos la decisión de encarcelar a ciertas poblaciones cuando podríamos no hacerlo» (p. 26). Por su parte, Pablo Verde dedica su texto *La filosofía de Margaret Cavendish: Una alternativa a los desmanes cartesianos y espinosistas* a exponer de forma sintética la filosofía de la autora mencionada, filósofa inglesa con un pensamiento bien distinto al predominante en la Modernidad. De este modo, Verde propone una alternativa a los desmanes cartesianos y espinosistas que, si hubiesen sido otros, quizás esta contemporaneidad no sería tampoco la misma.

La idea del arraigo en Simone Weil es el texto de Valentín González, donde nos plantea que no hay nada «más cruel que aquel que se siente desarraigado de la tierra y del cielo» (p. 40). En este sentido, el autor abordará distintas maneras de desarraigo a través del diálogo con la filósofa francesa. Francisco J. Arrocha en *Emmanuel Mounier: Personnalisme et actualité sociale* dedica su texto a exponer el personalismo de Mounier, autor también francés, entendiéndolo como «una corriente filosófica que se ha enfocado en la construcción de una antropología centrada en la persona, en la sociedad y en Dios, no en el cuerpo» (p. 45). Finalmente, este primer capítulo finaliza con una autora española, María Zambrano, donde también aparece Emilio Lledó, gran filósofo español aún vivo. Aquí Vladimir Sosa dedica su texto a la relación *Entre Poesía y Filosofía*, la cual él denomina extraña, pero que, sin embargo, tal y como afirma Zambrano «no puede haber poesía sin pensamiento» (p. 55).

El segundo capítulo está dedicado a textos sobre la relación entre filosofía y tecnología, es decir, a eso que se ha venido llamando como tecnofilosofía. Así, el primer texto, escrito por Michael Thallium, parte de algo tan fundacional en la filosofía como es el asombro, *El anonadamiento técnico* que produce una obra de ingeniería como el Metro, que, sin embargo, pasa inadvertido por haberse convertido en un elemento de la cotidianeidad. En *La Era de las Pirámides en el siglo de la Gran Prueba* Eduardo Torres realiza un recorrido histórico y conceptual desde la época de las Pirámides hasta la actualidad, destacando aspectos como son la servidumbre maquínica, donde, a diferencia de lo planteado en el capítulo anterior sobre el personalismo, Torres señala que, bajo los mecanismos de producción, los sujetos «son vistos como un mero engranaje más, tengan la edad que tengan o sean el ser que sean» (p. 67).

El siguiente texto, *Cosmismo ruso*, lo he dedicado a esbozar algunas líneas sobre esta corriente filosófica-tecno-optimista, surgida a finales del siglo XIX y principios del XX, donde se trataba de vincular a la humanidad con el cosmos. Aquí la idea de inmortalidad tecnológica es central, una inmortalidad que no es del alma, sino del cuerpo, y que debe estar garantizada por el Estado, incluyendo además a las generaciones pasadas, presentes y futuras. A continuación, como no podía ser menos, se incluye un texto sobre *El impacto de la Inteligencia Artificial en la industria del cine*. Aquí, Arantxa Serantes, entre otros asuntos, plantea la pregunta de si los guionistas humanos pueden ser reemplazados por algoritmos, debido al exponencial uso de la IA en la creación de guiones de cine. Finalmente, el segundo capítulo termina con un texto de Sergio Cánovas titulado *Videojuegos y Obsolescencia*, dedicado a la sociedad de consumo. En él, Cánovas habla sobre la obsolescencia programada, que es «un sistema de diseño a través del cual un objeto o producto se vuelve inservible tras una calculada cantidad de tiempo (o de usos)» (pp. 79-80), asunto que casi parece haber desaparecido en Occidente, pero que, sin embargo, permanece en el mundo de los videojuegos.

El tercer capítulo abre la filosofía a un marco social y musical, entendiendo que el pensamiento filosófico puede ser el prisma a través del cual poder abordar una gran cantidad de temas, en especial esos que conciernen a las sociedades actuales. De este modo, el primer texto es un testimonio personal sobre la realidad trans contado en primera persona como resultado de una experiencia del autor en un seminario de médicos. Aquí, Daniel Escoto utiliza la escritura para hablar sobre lo que él ha denominado como *Soy un estereotipo trans*. El segundo texto, escrito por Nicolás Fuentes y llamado *La educación en la excelencia y en los valores: Una prioridad en Adela Cortina*, el autor plantea que «la educación en valores debe ir más allá de la tolerancia, buscando un respeto activo que promueva el entendimiento y la convivencia basada en el reconocimiento de la dignidad humana» (p. 101). Pero, para que la educación tenga un impacto social, es necesario que pase del discurso a acciones concretas.

¿Es Papá Noel, realmente, Piotr Kropotkin con gorrito? es el texto escrito por Manuel García, en el que aborda la economía del regalo tratando de reflexionar sobre si existe o no el altruismo en el acto de regalar. Por su parte, en *Sobre* Folklore *y la necesidad de explicar a Taylor Swift* Mariana García analiza a la cantante estadounidense a la luz de su álbum *Folklore*. Para ello, examina sus letras y el contenido social e industrial que orbita alrededor de la artista, un fenómeno social de masas que es interesante conocer, tratando además de comprender los «porqués» de dicho éxito. Continuando con lo musical, Héctor Montón habla *Sobre fiestas y festivales: El XXXII Festival Internacional en el Camino de Santiago*, un festival que, según el autor, se aleja de los macrofestivales actuales marcados con un fuerte interés económico, cuya apuesta se centra en la recuperación, investigación y difusión del legado histórico de nuestra cultura. Finalmente, el último texto de este tercer capítulo se titula *X*. Está escrito por Saray Rodríguez y en él, la autora aborda un asunto de actualidad en España como es la aparición del carnet digital en menores para restringir

el acceso al porno. Lo que Rodríguez plantea es que, lejos de establecer prohibiciones, que lo único que producen es un aumento del deseo, lo que hay que hacer es educar y concienciar a los menores sobre qué es el porno, insistiendo además en la diferenciación entre realidad y ficción. Un asunto polémico, con el que se puede estar a favor o en contra, pero que es importante debatir, no solo desde lo social, sino también desde el derecho y la filosofía.

El cuarto capítulo está compuesto por tres entrevistas. La primera, que le he realizado a Michael Thallium, aborda la relación entre filosofía y literatura; la segunda, realizada por Mijaíl Oyarzabal a José Jiménez, se centra en cuestiones de estética y filosofía; y la tercera, realizada por Arantxa Serantes a Fernando Fontoura, trata sobre una nueva corriente/práctica filosófica que es la filosofía clínica.

Como podrá apreciar cualquier lector, estos textos no abordan la filosofía contemporánea tal y como aparece en los manuales o libros históricos, sino que, bien al contrario, trata de reflejar qué es aquello sobre lo que los pensadores actuales reflexionan y escriben. Al final, la contemporaneidad va marcada por lo que hacen los coetáneos, y en estos textos, que son breves y rigurosos, divulgativos y profundos, se da una muestra de ello. Y, aunque no hay ni un solo tiempo que sea bueno, las formas de la multitud, en este encuentro favorable, quedan así conformadas en una sutil materia del presente.

FILOSOFÍA

Sobre castigo y moralidad

Teresa López Franco

Universidad Autónoma de Madrid

Discutir públicamente sobre las prisiones, no ya planteando su abolición sino simplemente señalando su carácter intrínsecamente violento, es inevitablemente enfrentar una objeción: «sí, pero es que son culpables». Con esto se nos quiere decir que no es lícito, ni moral ni política ni teóricamente, comparar el daño sufrido por los presos con otras poblaciones sujetas igualmente a grados desmedidos de violencia, porque los presos son culpables. ¡Como si el no estar libre de faltas zanjase inmediatamente la cuestión, hiciese a uno directamente merecedor de ser expuesto a una violencia semejante!

Pues bien, la idea que subyace a esta intuición no es en absoluto ilegítima. Se trata tan solo de una formulación muy particular de lo que significa ser un agente moral. En la medida en que las personas tenemos capacidad de decidir qué curso de acción tomamos, somos responsables de las opciones por las que nos decantamos. La responsabilidad no implica otra cosa que la obligación de hacernos

21

cargo de esa posibilidad de elegir –en pocas palabras, de responder por nuestros actos. La agencia moral así entendida se define a lo largo de dos líneas: 1) la posibilidad de ser señalados como autores de nuestras acciones, y 2) la posibilidad de sufrir las consecuencias por las elecciones tomadas.

Pues bien, es evidente que los delincuentes tienen agencia moral, y es este hecho precisamente lo que hace legítimo que las sociedades se doten a sí mismas de mecanismos para imponer consecuencias a estos agentes por los daños que producen. En pocas palabras, no pretendemos castigar un fuego que incendia nuestros bosques, porque el fuego no tiene capacidad de elegir, no puede hacer otra cosa que quemar lo que encuentra a su paso. Pero podemos castigar y castigamos al pirómano que incendia un bosque porque él tiene la capacidad de no hacerlo, y su acción constituye un mal. En nuestras sociedades, los mecanismos a través de los cuales hacemos a las personas responsables de sus acciones incorrectas corresponden en gran medida al derecho penal y el sistema penitenciario.

De esta manera, apelar a ese intuitivo «¡es que es culpable!» cuando del encarcelamiento se trata no está exento de fundamento ni de razonabilidad. Y, sin embargo, no deja de ser profundamente problemático. Propongo aquí dos claves para pensar la cuestión.

En primer lugar, también la comunidad en cuyo nombre se castiga tiene agencia moral. Y la elección que consiste en justificar política y moralmente la violencia a la que se somete a otros seres humanos, sean o no culpables de determinadas faltas, está cargada moralmente. Nos ocupamos en este caso de respuestas muy drásticas: el encierro penitenciario pone rutinariamente en peligro la integridad física y moral de las personas, su auto-percepción, sus relaciones familiares, su salud, e incluso su vida (no solamente por la exposición a la violencia dentro de la cárcel, sino por la desmesura de la prevalencia del suicidio entre los presos en comparación con el resto de la población). Dado el dramatismo de la cuestión, es importante que quien trate de justificar por qué la cárcel es una forma legítima o apropiada de hacer a las personas responsables de los daños ejercidos, lo haga siendo consciente de que *es esto* y no otra cosa lo que está en camino de justificar. Justificar prácticas intrínsecamente violentas tiene consecuencias reales en las vidas de otras personas, y en esta medida, tenemos la obligación moral de proceder con cautela y, sobre todo, sin engañarnos respecto a la realidad de las prácticas que enjuiciamos. Y no podemos olvidar que, en el caso del castigo en todas sus formas, pero sobre todo en el encarcelamiento, lo que hay en juego es la imposición violenta de un mal (Muñoz Conde y García Arán, 2022; Gargarella, 2016).

En segundo lugar, y de forma quizás incluso más determinante, esa apelación a la responsabilidad moral como justificación de la prisión es problemática por otra razón: no nos explica por qué la culpabilidad debería desembocar en la prisión. Esconde, en cambio, un cierto encubrimiento, nos presenta la cárcel casi como una *consecuencia natural* del delito, como la única solución posible y razonable, y no como una opción entre muchas, una forma históricamente heredada de gestión del daño que no está automáticamente justificada. No es evidente por sí mismo, aunque muchas veces la inercia nos lleve a considerarlo así, que a la comisión de un delito de cierta gravedad deba seguir el encierro penitenciario. Pensarlo de este modo involucra un gesto muy problemático: implica no hacernos cargo de que, como sociedades, *tomamos la decisión* de encarcelar a ciertas poblaciones cuando podríamos no hacerlo.

Así, debemos tomarnos en serio la posibilidad de que haya otras formas de hacer responsables a las personas por sus delitos. Y, de hecho, las hay. Las opciones menos reformistas nos hablan de priorizar la imposición de sanciones ya existentes como las multas o los servicios comunitarios, mucho menos lesivas y violentas que las penas de prisión. Las opciones más ambiciosas nos presentan modelos alternativos de impartir justicia, como podría ser la justicia restaurativa, que no apuntan a imponer daños a quienes han cometido un mal, sino a restablecer los lazos rotos por los daños producidos, a generar diálogos morales entre los autores de los daños y sus víctimas. Otras autoras proponen incluso abolir la prisión por completo, pasando por el contrario a atacar los problemas sociales que en la mayoría de los casos generan los delitos que se penan con prisión, como la pobreza, las adicciones o la inseguridad social, reforzando mecanismos públicos como la educación, la seguridad social, o la sanidad pública.

En la medida en que podemos pensar otras alternativas menos lesivas, el razonamiento que nos presenta la prisión como una consecuencia razonable al delito pierde fuerza. Las mismas teorías que sirven de base a nuestras instituciones políticas (el liberalismo y todas las grandes teorías de la democracia) nos dicen que nuestras instituciones deben estar siempre gobernadas por un principio de prudencia, esto es, que deben siempre intentar limitar la violencia que ejercen y el poder que ostentan sobre los individuos. Si consideramos que la libertad, la tolerancia y la no-violencia son valores que deben articular nuestras comunidades políticas, entonces la posibilidad de pensar formas de organización política, y formas de impartir justicia, menos violentas, más tolerantes y más compatibles con la libertad se convierte en un imperativo.

Pero no hace falta siquiera recurrir a grandes teorías políticas ni a ideales democráticos: se trata en realidad de un principio moral tan básico como la idea de que tenemos la obligación de evitar los males evitables. Es cierto que pensar un mundo sin prisiones, como decía Angela Davis (2016), implica un esfuerzo imaginativo titánico, tan habituados estamos a su existencia. Debemos sin embargo asumir esa responsabilidad, el deber de no asentir irreflexivamente a las instituciones que hemos heredado si cabe la posibilidad de hacer las cosas mejor de ahora en adelante.

La filosofía de Margaret Cavendish:
Una alternativa a los desmanes cartesianos y espinosistas

Pablo Verde Ortega

Universidad Autónoma de Madrid

Nuestra relación con René Descartes y su filosofía es ambigua. Por un lado, se trata de uno de los filósofos más criticados y cuestionados de la historia del pensamiento occidental, y lo leemos en ocasiones con una distancia y desapego casi irónicos. Por otro, su influencia se hace sentir en la mayoría de áreas de la filosofía y en especial en los temarios de las diversas asignaturas de esta carrera, donde tal vez sea, por delante de otros gigantes como Platón o Kant, el autor más nombrado y enseñado (al menos, esa es mi experiencia). Vivimos, pues, en una relación de amor/odio hacia él que se puede resumir en una sentencia como: «ámalo, ódialo, pero estúdialo con respeto».

Pocas personas hoy continúan defendiendo las ideas del pensador francés, pero seguimos siendo cartesianos en la medida en que otorgamos a este autor un puesto preferencial en el canon filosófico europeo como fundador de la modernidad filosófica. Hasta tal punto que olvidamos que en su época sus ideas no eran la norma, sino una propuesta más entre otras tantas. Como consecuencia de esto, vivimos en la creencia de que dicha modernidad nació irremediablemente ligada al dualismo, el mecanicismo y el antropocentrismo que Descartes propugnaba y, por lo tanto, de que la tarea de la filosofía posterior ha consistido en enmendar dichos *errores*. De esta forma olvidamos que, al menos filosóficamente hablando, otra modernidad habría sido posible si en vez de los postulados cartesianos hubiesen tenido mayor predicamento las posturas de otros pensadores del período.

En este texto quisiera exponer sucintamente las ideas de una de estas autoras, cuya filosofía nos ofrece una alternativa a la visión mecanicista de los animales y el resto del mundo natural propia de Descartes, base de las sucesivas teorías y prácticas ecocidas (es decir, de destrucción medioambiental) propias de nuestra cultura. Se trata de Margaret Cavendish (1623-1673), aristócrata, escritora, poeta y filósofa inglesa. Su obra comprende numerosos poemas, una novela pionera de la ciencia ficción, *El mundo resplandeciente*, y numerosos escritos de corte filosófico, de entre los que destacan sus *Observations upon Experimental Philosophy* («Observaciones sobre filosofía experimental»), del año 1666. En este volumen se condensa la versión más depurada y madura de su pensamiento y será, junto con la introducción a su edición inglesa a cargo de Eileen O'Neill, lo que me servirá de apoyo en el intento por sintetizar su amplio corpus filosófico.

Podríamos resumir su pensamiento en cinco principios básicos:

1) *Materialismo*. Cavendish niega la existencia de cualquier sustancia inmaterial y rechaza de plano el dualismo cartesiano *res cogitans/res extensa*. No obstante, estos postulados flaquean al tratar de encajar su fe cristiana en un Dios personal. Exceptuando esta laguna, más bien anecdótica, la autora es consecuente con su planteamiento materialista, lo cual no significa que ubique todo lo existente en un mismo nivel de realidad. En concreto, divide la materia en dos grados distintos: la inanimada y la animada. Dentro de esta se encuentran dos funciones elementales: la sensitiva y la racional.

2) *Mixtura completa*. Idea que hereda del estoicismo, según la cual la materia en sus diferentes grados está entremezclada, de tal modo que no hay materia animada que no tenga a su vez restos de materia inanimada y viceversa. Esta mixtura no implica completa unión, pues siguen siendo distintos grados de materia.

3) *Panorganicismo y panpsiquismo*. La racionalidad y la sensibilidad no están encerradas en el cerebro. En palabras

de la autora: «la materia animada se mueve por medio de la naturaleza, lo que da como resultado que esta está por doquier plena con conocimiento sensitivo y racional» (Cavendish, 2001: p. 207). Todo pedazo de materia, por inanimada que sea, tiene un cierto grado de automoción y autoconocimiento.

4) *Teoría continuista de la materia.* La completa mixtura no permite abismos ontológicos (salvo tal vez el que se produce en el caso de Dios). La naturaleza sería así un único organismo en continuidad, pese a sus subdivisiones internas. Eileen O'Neill comenta al respecto que: «Las partes de este continuo organismo no son autónomas, sino que dependen de la relación entre sí y del conjunto de la naturaleza para su existencia y el desarrollo de sus propiedades» (*Ibid.*: p. XXVII). Esto implica que el atomismo de otras filosofías (como el epicureísmo) no tiene cabida en su pensamiento: la existencia de partículas indivisibles y autosuficientes no se sostiene desde su metafísica.

5) *Cambio natural no-mecánico.* El movimiento de los cuerpos no se produce por agentes externos, sino que viene dado desde dentro. Es decir, cuando una mano mueve una bola, aquella tiene solo un papel auxiliar y es la bola la que causa su propia moción. Con esto Cavendish no niega la causación, simplemente sostiene que para que se produzca una relación causa-efecto (como el ejemplo de la mano y la bola) es necesario que en cada entidad se dé previamente el potencial de la automoción.

La filosofía de Cavendish ofrece un marco filosófico integrado en el que los seres humanos están en continuidad con el resto de la naturaleza y comparten con ella sus elementos básicos. De por sí supone una metafísica más atractiva y acorde con nuestros imaginarios actuales, pero solo esto no basta. También Spinoza ofrece una alternativa continuista al dualismo cartesiano, según la cual nuestra especie estaría al mismo nivel ontológico que las demás. Sin embargo, esto no le impide afirmar la impunidad humana a la hora de instrumentalizar a los demás animales, hasta el punto incluso de justificar su matanza cuando es necesario. En una tristemente célebre sentencia de su *Ética*, antropocéntrica y misógina a la vez, el filósofo afirma:

Leyes como la que prohibiera matar a los animales estarían fundadas más en una vana superstición, y en una mujeril misericordia, que en la sana razón. Pues la regla según la cual hemos de buscar nuestra utilidad nos enseña, sin duda, la necesidad de unirnos a los hombres, pero no a las bestias o a las cosas cuya naturaleza es distinta de la humana. Sobre ellas, tenemos el mismo derecho que ellas tienen sobre nosotros, o mejor aún, puesto que el derecho de cada cual se define por su virtud, o sea, por su poder [potentia], resulta que los hombres tienen mucho mayor derecho sobre los animales que estos sobre los hombres. *Y no es que niegue que los animales sientan, lo que niego es que esa consideración nos impida mirar por nuestra utilidad,* usar de ellos como nos apetezca y tratarlos según más nos convenga, supuesto que no concuerdan con nosotros en naturaleza, y que sus afectos son por naturaleza distintos de los humanos (Spinoza citado en Ramos-Alarcón Marcín, 2020, p. 7. La cursiva es mía).

Como vemos, el reconocimiento de la sintiencia de los animales no es óbice para seguir despreciándolos moralmente. De ahí que no solo sea necesaria una cosmovisión integradora, algo en lo que Cavendish y Spinoza convergen, sino una perspectiva ética explícita que entienda la continuidad entre seres vivos como la base del respeto hacia las demás especies y la naturaleza en su conjunto. Tanto el dualista y mecanicista Descartes como el monista y organicista Spinoza adolecen de ello, pero no así Cavendish, que aúna en su pensamiento la finura teórica y el compromiso práctico para con el mundo natural. Prueba de ello es que, como señala Alicia Puleo (2020), nuestra filósofa siempre mostró su preocupación ante la tala indiscriminada de bosques y así lo expresó en poemas como su «Diálogo entre un roble y un hombre que lo va a talar»[1], donde encontramos versos como estos, que él árbol dirige al leñador: «Tras todos los cuidados y servicios que ofrecí,/ ¿me has de talar y ha de ser el fuego mi cruel fin?/ Mira cómo al amor tu crueldad ha asesinado,/ inven-

---

1. Ver en: https://library2.utm.utoronto.ca/poemsandfancies/2019/04/28/a-dialogue-between-an-oak-and-a-man/

tando mil maneras de torturarme con daño» («For all my care and service I have passed,/ must I be cut and laid on fire at last?/ See how true love you cruelly have slain,/ invent all ways to torture me with pain», traducción propia).

En ningún caso debemos dejar de estudiar a filósofos tan influyentes como Descartes o Spinoza, pero la fuerza del pensamiento de Margaret Cavendish nos obliga a incorporar a esta pensadora junto a estos dos gigantes de la filosofía moderna. Sus ideas eran parte de un debate abierto entre las distintas escuelas filosóficas del período y en aras de una mayor exactitud debemos conocer todas las posiciones enfrentadas, no solo las que el tiempo ha decidido mantener a flote por motivos no siempre intelectuales. Si a esto le sumamos la riqueza que sus ideas pueden aportar al mundo contemporáneo, heredero en parte del antropocentrismo de un Descartes o un Spinoza y asolado por múltiples crisis ecosociales, la actualidad y necesidad de una obra como la de Cavendish se vuelve aún mayor.

La idea del arraigo en Simone Weil

Valentín González Pérez

Numinis Revista de Filosofía (UAM)

Una categoría central en Simone Weil es el arraigo/ desarraigo, pero antes de profundizar en esto se tomará un ejemplo del mundo natural para dar mayor claridad a este propósito.

Si se acude a un bosque se puede apreciar gran cantidad de árboles, cada uno de forma diferente, aunque sean de la misma especie, y junto a ellos otras especies de árboles. Todos los árboles conviven en armonía y cada uno de ellos ha vivido un proceso que le da fijeza al suelo. Cada árbol ha echado raíces, ha crecido y se ha afianzado en un terreno previamente preparado por la existencia de otros árboles mediante caída de hojas, material muerto y otros componentes que han creado ese *humus* que ha transformado el suelo en terreno fértil. Las raíces del árbol le posibilitan mantenerse firme ante las inclemencias del tiempo y la cercanía de los demás ayuda a su conservación y reproducción.

Con este ejemplo de la naturaleza se puede explicar la necesidad de echar raíces, de arraigarse en un lugar concreto, y ese echar raíces da firmeza. La importancia de las raíces, además de fijar en la tierra, es que son indispensables para que el árbol se eleve al cielo. Se aúnan así la inmanencia y la trascendencia como consecuencia de ese echar raíces. Además, aunque cada árbol es único, conviven en una colectividad que, anteriormente a su llegada, ya había creado un suelo nutricio para su nacimiento, y el mismo repetirá el proceso para las próximas generaciones.

Esto que se explica de los árboles puede extrapolarse a cada uno de nosotros, como se hará a continuación. Se combinan en este ejemplo los conceptos de comunidad, individuo y raíces, que se nutren de una herencia recibida y de la que adquieren fortaleza. Simone Weil en su libro *Echar raíces* se refiere a esta combinación anterior cuando dice:

> Echar raíces quizá sea la necesidad más importante e ignorada del alma humana. Es una de las más difíciles de definir. Un ser humano tiene una raíz en virtud de su participación real, activa y natural en la existencia de una colectividad que conserva vivos ciertos tesoros del pasado y ciertos presentimientos de futuro. Participación natural, esto es, inducida automáticamente por el lugar, el nacimiento, la profesión, el entorno. El ser humano tiene

necesidad de echar múltiples raíces, de recibir la totalidad de su vida moral, intelectual y espiritual en los medios de que forma parte naturalmente (Simone Weil, 2014, p. 49).

Simone Weil deja clara la importancia que estar bien fundamentados, arraigados, tiene para la persona. La persona no aparece por generación espontánea en un tiempo y espacios concretos desde donde tiene que configurarse, sino que esta aparición se da desde la encarnación concreta en ese espacio y tiempo que lo configura. Es cierto que luego la persona puede tomar una dirección u otra, pero los primeros materiales de la construcción de su ser salen de esa colectividad en la que nace y se forma durante su vida. Aunque en la filosofía de Simone Weil el hecho de la colectividad pudiera verse tratado de forma negativa por el hecho de la importancia que da al individuo racional, ya que la masa no piensa, aquí se ve que la colectividad tiene también un aspecto positivo en cuanto configuradora inicial de la persona, pues es el suelo nutricio de donde la persona emerge. Si bien esto es cierto, hay que recordar que la persona no tiene obligación con la colectividad, sino con cada persona que compone esa colectividad. Es fácil decir que amo a mi pueblo, pero lo difícil es decir y mostrar que se ama a cada persona que compone ese pueblo. La colectividad tiene en sí la riqueza de los tesoros del pasado que hacen única a esa sociedad, ellos son los *mate-*

riales iniciales de construcción y si una sociedad los pierde puede verse casi en la muerte, sin morir ciertamente, pero a merced de aquel que le ha robado el alma como hiciera, a juicio de Weil, el Imperio Romano con los pueblos que conquistaba.

En su reflexión en torno al tema del desarraigo advierte que este se produce debido a dos venenos que toda sociedad tiene en sí a la hora de relacionarse sus miembros:

> Por último, las relaciones sociales en el interior de un mismo país pueden ser factores de desarraigo muy peligrosos. En nuestro ámbito, en nuestros días, aparte de la conquista, hay dos venenos que propagan esta enfermedad. Uno es el dinero. El dinero destruye las raíces por doquier, reemplazando los demás móviles por el deseo de ganancia (Simone Weil, 2014, p. 50).

En estos días en que se escribe este artículo se percibe muy bien estos dos venenos. La realidad nos muestra cómo el pueblo de Ucrania tiene que salir de su patria, del suelo nutricio en donde cada persona germinó y se configuró, y arrancados por la barbarie huyen hacia otras tierras en busca de refugio, tierras en las que no comparten otra cosa que la solidaridad humana del que acoge y el agradecimiento del acogido. Allí, en diferente suelo, tendrán que echar raíces y configurarse desde su condición de desarraigados. Dejan atrás los tesoros del pasado heredado y configurado por la gente que les ha precedido y tienen por delante la misión de dar nuevos tesoros a su descendencia. El tesoro del pasado es importante porque en él va inmerso también la espiritualidad de los pueblos.

El futuro no nos aporta nada, no nos da nada; somos nosotros quienes, para construirlo, hemos de dárselo todo, darle nuestra propia vida. Ahora bien: para dar es necesario poseer, y nosotros no tenemos otra vida, otra savia, que los tesoros heredados del pasado y digeridos, asimilados, recreador por nosotros mismos. De todas las necesidades del alma humana, ninguna más vital que el pasado (Simone Weil, 2014, p. 54).

Nada más cruel que aquel que se siente desarraigado de la tierra y del cielo. Del crisol del sufrimiento saldrá un nuevo pueblo que, si no diluye su identidad en el destierro, abonará el suelo nutricio cuando regresen.

Otro veneno que produce el desarraigo es el dinero porque obliga a mover las raíces por querer ganar más. Esto no concierne solamente al hecho de que por ganar más dinero una persona abandone su patria y se dirija a otro lugar, sino también por el abandono de sí mismo por ganar más. Una persona se desarraiga por dinero cuando acepta explotación laboral, unas condiciones de trabajo indignas y se deja someter a esa fuerza que le aplasta y que lucha por quitarle su dignidad. El dinero convierte a la persona en una etiqueta, un obrero por poner un ejemplo, y si quiere conservar esa etiqueta ha de plegarse. No se pretende demonizar al dinero con esta reflexión sino hacerlo relativo a la persona, siendo que, emulando el pasaje evangélico sobre el sábado, el dinero se hizo para la persona y no la persona para el dinero.

Un factor que también favorece el desarraigo de la persona es la cultura orientada eminentemente a la técnica y la especialización en saberes concretos, de tal forma que hoy existe una mayoría que sabe mucho de poco, de un aspecto parcial del conocimiento en el que se especializa, y pocas personas saben poco de mucho, es decir, de un conocimiento general a modo de la persona humanística de antaño. Así lo dice Simone Weil:

> De ello resultó una cultura desarrollada en un ámbito muy restringido, separado del mundo, en una atmósfera cerrada; una cultura considerablemente orientada a la técnica e influida por ella, muy teñida de pragmatismo, extremadamente fragmentada por la especialización y del todo privada de contacto con este universo y de apertura al otro mundo (Simone Weil, 2014, p. 51).

De esto surge una crítica educativa importante, pues el sistema actual de enseñanza se centra mucho en la adquisición de competencias y parece justificar en la teoría de las inteligencias múltiples que un alumno sepa mucho de música y nada de matemáticas. Si a ese ser especializado, alumnado de nuestro siglo XXI, se le saca del ámbito en donde sabe moverse se sentirá desarraigado y un hecho tal hará justificable un pasar de curso con asignaturas suspensas por no dañar su autoestima, como si la autoestima pudiera sustituir a la educación.

Unido a lo anterior y, aunque esa especialización se da en el ámbito del saber, nos encontramos con la misma situación con la que se encontró Simone Weil en su época, en donde «el deseo de aprender por aprender se ha vuelto muy raro» (Simone Weil, 2014, p.51) Sin la puesta en práctica de aquello que nos diferencia del resto de animales, la razón, la persona está a merced de la masa en la que pierde su individualidad y queda sometida a la fuerza. Es por este hecho que una de las raíces de la persona tiene que ser su capacidad de razonar, pues esta guiará aquellos lugares en los que decidirá seguir enraizándose.

Se ha reflexionado hasta ahora de las diversas funciones que tienen el echar raíces, el arraigo, a saber, en el ámbito de la sociedad, de lo intelectual y de lo espiritual, pero también tiene una función verificadora de lo trascendente. La relación con Dios se refleja también en las raíces. Este hecho del arraigo también es importante para Simone Weil porque muestra la veracidad de la persona que se dice creyente y se convierte en acicate del cristiano que vive su fe como una especie de *fuga mundi* sin ningún compromiso con la realidad que lo circunda.

No es por la manera en que un hombre habla de Dios, sino por la manera en que habla de las cosas terrenales, como mejor se puede discernir si su alma ha pasado por el fuego del amor de Dios. Ahí, ningún disimulo es posible (Simone Weil, 2003, p. 84).

Emmanuel Mounier:
Personnalisme et actualité sociale
Francisco José Arrocha García

Universidad Pontificia de Comillas
Asociación Española de Personalismo

Desde el siglo pasado la sociedad y el mundo en general ha atravesado grandes transformaciones en los diversos ámbitos: tecnológicos, económicos, culturales, sociales, políticos, etc. En líneas generales, estas cuestiones se consideran como partes del progreso y de la evolución humana. Pero el contexto actual ha resaltado dos cuestiones importantes que deben ser consideradas: por un lado, el replanteamiento del rol de la comunidad y, por otro, un contexto individualista en el que, mediado por la tecnología, las personas se encuentran más conectados sin importar la distancia y el tiempo, pero también más solas y centradas en sus propias individualidades.

Cabe pensar, entonces, ¿qué consecuencias les trae todo esto a las personas?, ¿cómo afecta este contexto individualista?, ¿cómo se podrá reconstruir la comunidad, reivindicar los valores comunitarios y edificar una sociedad?, ¿qué lugar ocupa la persona en la actualidad y en la comunidad? A partir de estas cuestiones surge, también, desde qué postura podrían responderse estas interrogantes. En este sentido, se encuentra el camino para ello en la visión personalista. Esta es una corriente filosófica que se ha enfocado en la construcción de una antropología centrada en la persona, en la sociedad y en Dios, no en el cuerpo.

Desde esta perspectiva, particularmente la desarrollada por Emmanuel Mounier, se ha considerado que el hombre ha perdido su razón de ser y que se moviliza únicamente entre objetos y bienes materiales. Ha caído en el confort y en la vanidad. En miras de enfocar estos planteos a una problemática actual, como es este contexto caracterizado por el individualismo, se ha podido establecer una propuesta desde la filosofía para influenciar positivamente en la comunidad y reivindicar sus valores, considerando los ejes del Manifiesto Personalista de Mounier. Las propuestas y pensamientos de Mounier se relacionan estrechamente con lo que es la comunidad, en el sentido de comunicación y comunión y las personas. Denunciará así el filósofo francés:

[...] un individuo abstracto, buen salvaje pacífico y paseante solitario, sin pasado, sin futuro, sin vínculos, sin carne, provisto de una libertad sin norte, ineficaz juguete embarazoso con el que no se debe dañar al vecino y que no se sabe cómo emplear si no es para rodearse de una red de reivindicaciones que le inmovilizan con mayor seguridad aún en su aislamiento. En tal mundo, las sociedades no son más que individuos agigantados, igualmente replegados sobre sí mismos, que encierran al individuo en un nuevo egoísmo y le consolidan en su suficiencia (Mounier, 1936, p. 53).

Desde esta perspectiva se plantea como necesario evaluar la situación actual que atraviesa la sociedad, considerando que la tecnología, y sobre todo las redes sociales, pueden conectar a las personas, pero no fomentan la idea de comunidad, pues se dedican a exaltar el individualismo, el «yo», y se ha dejado en evidencia que en situación de crisis generalizada la comunidad debe ser reivindicada y volver a considerar el «nosotros» como eje central de la vida cotidiana. Se trata de recuperar el valor de la persona y la comunidad, en un contexto en el que las relaciones interpersonales parecen establecerse según posiciones económicas, materialistas y bajo estereotipos de ideales que se deslindan de las redes sociales que ingresan a partir de las nuevas tecnologías. El desarrollo tecnológico, industrial, científico, de la comunicación, entre otros, ha sido sumamente exponencial. No obstante, en lo humano, en lo comunitario, ha habido un retroceso, si puede decirse de esa manera, puesto que la sociedad ha quedado reducida a una suma de individuos conectados mediante redes virtuales.

Por ello busca retomarse el proceso de personalización, el cual requiere una lucha continua y mucho esfuerzo. La persona no se constituye en el conformismo y el confort, caso contrario, se va conformando en la lucha y en sus logros, y con los otros. La civilización personalista se abre, entonces, como una sociedad esperanzadora que busca romper aquellos roles que objetivan y determinan al ser, pues atenta contra la persona, anula su dinamismo y posibilidades de transformación.

La idea y el compromiso son principios para guiar a la acción para la edificación de la comunidad, sin caer en extremismos ni en una tiranía, sino mantener la motivación y la reflexión sobre el fin de la misma. A partir de esto, se va conformando una comunidad con un horizonte, pues las acciones no deben ser impulsadas de una manera unívoca y aislada, por el contrario, debe ser progresiva. Asimismo, las acciones personalistas siempre están orientadas a un bien comunitario, por lo cual debe evitar segregaciones o parcializaciones que pudieran conducir a ciertos favoritismos. De esta forma, la comunidad debe ser constituida con la base de los valores como el amor, los vínculos familiares, el compromiso, la motivación, el esfuerzo, lo espiritual, la conciencia sobre el otro y sobre uno mismo, la colaboración. El primer paso para ello es la toma de conciencia sobre el contexto y la situación problemática, y a partir de ello puede edificarse la sociedad en pos del bienestar común.

El personalismo puede ser aplicado en la actualidad, y en diversas problemáticas sociales que permitan reivindicar los valores de la comunidad en este contexto. El desarrollo de la democracia frente a gobiernos totalitaristas o socialistas se han enfocado en una ciudadanía que pretende luchar contra la pobreza, contra la desigualdad, a partir de la generación de trabajo y empleos de calidad. Esta desigualdad será disminuida al minimizar la pobreza y mejorar el crecimiento de las comunidades. No obstante, eso puede pensarse como una utopía, dada la realidad actual, pues la sociedad y las democracias se inclinan fuertemente hacia un capitalismo en el que nadie renunciaría a sus privilegios.

Aprender los valores humanos es la mejor garantía para oponerse a todo tipo de opresión y alienación, y es la mejor herramienta para revelar cualquier truco del sistema. Por lo que la educación es aliada del personalismo. El personalismo de hoy nos invita a darnos cuenta de quiénes somos, para resaltar a la persona como el mayor valor, pues no se es objeto al servicio del sistema.

Es una equivocación pensar que el personalismo solo requiere considerar los matices y diferencias de las personas en lugar de tratar a los hombres como una masa, pues va mucho más allá. El hombre no es el objeto más grande del mundo, un objeto que ni siquiera conocemos, sino que existe en todas partes, tanto lo exterior como lo interior. El hombre es una entidad espiritual constituida por el modo de existencia y la independencia de su ser. Sostiene esta existencia adhiriéndose a una jerarquía de valores que son libremente aceptados y asimilados por el esfuerzo responsable, el compromiso hacia la comunidad y el cambio constante hacia la personalización. De esta manera, integra libremente todas sus actividades en su persona, y es quien no puede ser usado. Representa los valores de la mente, el valor de la privacidad, de la sociedad humana, de los valores culturales. Una comunidad, entonces, se conforma como una persona nueva que une a todas las personas que la formaron. El amor que allí se genera es concreto e íntimo, es la conciencia de la persona. Pero para llegar a este punto, es necesario despertar y cambiar determinadas concepciones.

Podemos pensar que tanto la familia como la educación, principales lugares en donde se dan los primeros pasos hacia la conformación de valores (tanto personales como comunitarios) también se ha visto afectadas y deterioradas por la burguesía, los totalitarismos, el capitalismo, generando vínculos utilitaristas que les permitan mantener un status social. La familia, del mismo modo que la persona, va progresando con el tiempo con esfuerzo y trabajo conjunto de todos sus miembros, por lo que debe articularse en pos de una sociedad que se constituya como una civilización comunitaria y personalista. Como tales, se hallan al servicio de la persona, no están sobre ellas, el individuo se va educando y aprendiendo a ser persona a partir de las orientaciones que recibe de estas entidades, guiadas para que, en su proceso de personalización, no se desvíe hacia el individualismo y el aislamiento, o tirano, u opresor. O así, creemos, debería ser.

Conocer la realidad histórica y contextual es primordial, no para evadirla, sino que para transformarla y considerar que el pensamiento crítico de la persona implica el desarrollo de ciertas características como la dignidad, el afecto, el entendimiento, la apertura, la sociedad. En esta línea, las relaciones que establece la persona con la comunidad son las que podrán transformar y edificar la sociedad, con sus valores. La persona, entonces, se constituye como un valor central que se debe comprometer a utilizar los medios a su alcance para el bienestar común, no para el Estado ni la Nación, sino considerando que todas las entidades deben estar a disposición de las personas y no ellas subordinadas a sus intereses o ideologías. Son necesarias para que la convivencia sea regulada, pero no deben determinar las formas de ser y de actuar, puesto que su finalidad debe ser darle los medios para que la persona y la comunidad puedan desarrollarse y comprometerse en acción.

Desde la mirada personalista se entiende que la educación y la concientización pueden dar una garantía al desarrollo de los valores comunitarios. Por ello mismo se debe tomar conciencia de la situación como el primer paso hacia la edificación, desde lo cual se abrirán las puertas de la educación y la enseñanza para generar compromiso responsable y solidario, es decir, comunitario. En la actualidad se les ha restado valor a las relaciones comunitarias e interpersonales, que se van gestando y mediando por pantallas y redes materiales, se resalta y valora el tener antes que el ser, por lo que debe retomarse el respeto y la valoración de la persona. De esta manera, desde la propia formación como persona, se expandirá al exterior la personalización del resto, con el objetivo final de la reivindicación, revitalización y el enriquecimiento de la comunidad.

Conclusión

El personalismo es una corriente filosófica y ética que pone al ser humano en el centro de sus reflexiones y valores. En la actualidad, esta perspectiva sigue siendo vital y necesaria en un mundo donde las relaciones interpersonales y la dignidad humana a menudo se ven comprometidas por la tecnología, la globalización y las dinámicas económicas. El personalismo nos recuerda que cada individuo es único e irrepetible, con una dignidad intrínseca que debe ser respetada y promovida. Este enfoque es fundamental para construir sociedades más justas y humanas, donde el bienestar de la persona se anteponga a intereses meramente utilitarios.

En el ámbito laboral, el personalismo aporta una visión humanista que contrasta con la tendencia a ver a los trabajadores como simples recursos. Promover una cultura organizacional basada en el respeto a la persona, el desarrollo integral y la participación activa puede transformar los entornos de trabajo en espacios de crecimiento y realización personal. Este enfoque no solo mejora la satisfacción y el compromiso de los empleados, sino que también contribuye a una mayor productividad y sostenibilidad empresa.

La educación también se beneficia enormemente del personalismo. En lugar de centrarse exclusivamente en la transmisión de conocimientos técnicos, una educación personalista busca el desarrollo integral del estudiante, fomentando su capacidad crítica, creatividad y responsabilidad social. Este modelo educativo reconoce la importancia de formar ciudadanos que no solo sean competentes en sus campos profesionales, sino también personas conscientes de su papel en la sociedad y comprometidas con el bien común.

En la esfera política, el personalismo ofrece una guía ética para la acción pública. Frente a la despersonalización y la instrumentalización de las políticas públicas, el personalismo defiende que todas las decisiones deben estar orientadas al servicio de la persona y la comunidad. Esto implica promover políticas que garanticen los derechos humanos, la justicia social y el desarrollo sostenible, siempre colocando al ser humano en el centro de las preocupaciones políticas y económicas.

Finalmente, en el ámbito de las relaciones personales, el personalismo nos invita a valorar la autenticidad, la empatía y el respeto mutuo. En una época donde las relaciones a menudo se ven afectadas por la superficialidad y el individualismo, el personalismo nos recuerda la importancia de construir vínculos profundos y significativos. Estos lazos, basados en el reconocimiento de la dignidad del otro, son esenciales para nuestro bienestar emocional y social, y para la construcción de comunidades más cohesionadas y solidarias.

Entre Poesía y Filosofía

Vladimir Sosa Sánchez

Numinis Revista de Filosofía (UAM)

Hay una entrañable relación entre la poesía y la filosofía, dado que ambas aportan una vivaz forma de humanismo frente a la manipulación a la que todos estamos sometidos de algún modo a través de las redes de información. Por un lado, la poesía aporta esa relación de sensibilidad, musicalidad e intimidad que se manifiesta a través de la palabra escrita y ayuda a que las personas se sensibilicen a pesar de la presión por hacer las cosas de forma inmediata.

En cambio, la filosofía aporta en el desarrollo de la racionalidad, el pensamiento crítico, entre otros aspectos relacionados a la rigurosidad intelectual. En la combinación de ambas podemos encontrar que la filosofía puede reflexionar en torno a la belleza que se muestra a través de la poesía. Y que la poesía expresa la belleza que se enmarca desde un pensamiento filosófico.

En el libro *Sobre la educación*, de Emilio Lledó (2018), el filósofo expresa la importancia de volver a los clásicos como Homero, Platón, entre otros, con la finalidad de que las nuevas generaciones se dejen envolver por la magia poética que estos autores han mostrado a lo largo de los siglos, y se trabaje una formación intelectual desde la lectura de los clásicos, dado que estos aportan una serie de valores que en la actualidad se han ido perdiendo, tales como la caballerosidad, la honestidad, la valentía, etc.

Todo por la vida acelerada que tenemos, producto de un capitalismo consumista, que solo busca que estemos consumiendo de forma compulsiva. Las redes sociales mal usadas se convierten así en una fuente de distracción constante, que no permite a las personas realizar tareas como pensar, reflexionar y cuestionarse.

En ese sentido, también es necesario realizar una revisión literaria, esa que conjuga la metáfora de la poesía, y que nuestras clases se conviertan en lugares de construcción poética, donde a nuestros estudiantes no solo se les enseñe a leer poesía, sino a elaborarla, desde lo más sencillo hasta esa forma de versificar de forma libre. Porque la poesía también es una forma de liberación, donde la persona puede desplegar su más cálida inspiración a través de la construcción de metáforas.

Ahora bien, María Zambrano (2016) en su libro *Filosofía y poesía*, nos muestra esa relación íntima que hay entre ambas. Pues no puede haber poesía sin pensamiento, ética o metafísica; siempre están unidas entre sí, porque la belleza que despliega la poesía se complementa con la filosofía; dado que el hombre no está alejado de la palabra o del lenguaje, sino que es a través de ella donde muestra su ser, su naturaleza más íntima; así como en cualquier tratado filosófico también podemos observar esa forma prosaica de la construcción del lenguaje, que no es otra cosa que la demostración poética de la filosofía.

Entre poesía y filosofía hay una tensión amorosa no resuelta, pero que se enriquece con el pasar del tiempo, dado que ambas se van complementando mutuamente, no solo a través del lenguaje, sino desde las múltiples formas de manifestación intelectual, porque no están sujetas necesariamente al ámbito academicista, sino que ambas obedecen a una libertad otorgada desde antaño, libertad para manifestarse y expresarse.

No se encuentra el hombre entero en la filosofía; no se encuentra la totalidad de lo humano en la poesía. En la poesía encontramos directamente al hombre concreto, individual. En la filosofía al hombre en su historia universal, en su querer ser. La poesía es encuentro, don, hallazgo por gracia. La filosofía busca, requerimiento guiado por un método. (Zambrano, 2016, p. 15)

Sin embargo, entre ella siempre hay una arista que los une, que no los separa, sino que es encuentro, se hallan mutuamente; y porque a pesar de vivir en una actual *crisis de la narración*, aún existe la esperanza de recuperar la forma poética que habita en cada ser humano, esa melodía interna que resuena en cada lugar de nuestro ser. Porque a pesar de la digitalización, aún existe la inspiración guiada por la naturaleza y por todo aquello que se nos presente a nuestro alcance.

En los tiempos en los que las narraciones nos acomodaban en el ser, es decir, cuando ellas nos asignaban un lugar y hacían que estar en el mundo fuera para nosotros como estar en casa, porque daban sentido a la vida y le brindaban sostén y orientación, o sea, cuando la vida misma era una narración... (Han, 2023, p. 11)

En ese sentido, es hoy cuando es necesario hacer una vuelta hacia la filosofía, no solo en lo academicista, sino también en la calle, ahí donde pueda encontrar también con la poesía, ambas como artes liberales que buscan en el ser sin olvidar al ser; ambas con la misma consigna, la de encontrar la belleza a través de las palabras, de la narración, de la vida misma. Porque como diría García Márquez (2024) en la dedicatoria de *Vivir para contarla*, la vida no es la que uno vivió, sino la que uno recuerda y cómo la recuerda para contarla.

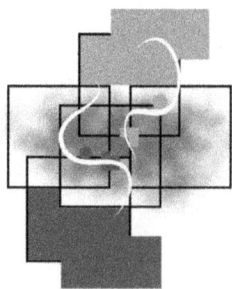

FILOSOFÍA
Y TECNOLOGÍA

COLECCIÓN

NUEVA FILOSOFÍA

El anonadamiento técnico
Michael Thallium

Numinis Revista de Filosofía (UAM)

Me ocurrió cuando vi llegar el tren del Metro, el Metro que en Buenos Aires llaman *Subte*, en Nueva York *Subway*, en Londres *Underground*, en Berlín *U-Bahn*... En definitiva, me refiero a ese medio de transporte suburbano con el que las personas nos movilizamos bajo tierra en las grandes ciudades. Y digo que me ocurrió cuando vi entrar el tren en la estación. Fue una especie de anonadamiento. Vi aquella mastodóntica mole de hierro acercarse hasta detenerse con precisión. Digo con precisión porque no es fácil frenar una mole de más de cien metros de largo y que supera las 270 toneladas. No solo eso: cada pieza que compone cada uno de los vagones del convoy cumple su función para que cuando el tren llegue a la estación abra las puertas y los pasajeros nos montemos para llegar a nuestros destinos. Ruedas que giran, puertas que se abren y cierran, luz, voces que anuncian la llegada a la parada. Toda una obra de ingeniería que pasa inadvertida para la mayoría de personas. A todos nos importa que el tren llegue a tiempo.

Nos fastidian los retrasos, las incomodidades e imprevistos. Sin embargo, a pocos nos preocupa cuando viajamos quiénes están detrás de toda esa impresionante obra de ingeniería. Por unos momentos me quedé anonadado, fascinado.

¿Qué pensaría alguien de hace un siglo al ver tanta complejidad técnica? La primera línea de Metro de Madrid se inauguró en 1919; la de Barcelona, en 1924. Poco tienen que ver aquellos trenes con los de hoy. Y el caso es que, en el fondo, resulta algo bien sencillo: un vehículo que se mueve y se detiene para transportar personas de un lugar a otro de la ciudad. Además, lo hace todos los días del año y durante una media de diecinueve horas al día, es decir, un mínimo de 6.935 horas al año. Eso multiplicado por el número de trenes por línea y por el número de líneas que tenga cada red de Metro, son muchas, muchas horas de funcionamiento, de consumo energético, de gasto y desgaste... y de precisión técnica que haga que los trenes funcionen debidamente. Todo esto se traduce en dinero, un dinero que en los países avanzados, en parte, sale de los presupuestos públicos, es decir, de todos quienes pagamos impuestos. Por ejemplo, en 2024, el Metro de Madrid tiene presupuestados unos 987 millones de euros; de los cuales 572,8 millones parten del Gobierno de la Comunidad de Madrid. Muchos millones, muchísimos. Más de los que ninguno de nosotros, los currelantes de a pie, jamás en nuestras vidas podremos generar. *Peccata minuta*.

No nos perdamos en las cifras. Regresemos a ese anonadamiento técnico que me produjo la llegada del tren a la estación: cada rueda de hierro —que pesa entre 500 y 800 kilogramos—, cada bastidor que sostiene los juegos de ruedas, las zapatas de los frenos, las cajas de grasa con los cojinetes que permiten el giro de los ejes, los raíles, el mantenimiento de los raíles... Detrás de todo esto hay personas, desde quienes diseñan las piezas que conforman un vagón hasta quienes conducen el tren. Una cadena en la que intervienen muchísimas personas. Todas ellas anónimas para los pasajeros, a quienes solo nos importa llegar a tiempo y que los trenes sean puntuales.

Y luego están las trifulcas políticas de los ayuntamientos, de las regiones y de los países. Eso a mí ya no me produce anonadamiento, sino incomodidad, descrédito, desasosiego, desprecio y cada vez más desafecto. Corruptelas políticas las ha habido y las habrá, al igual que las personas que las consienten. El engranaje de la sociedad es mucho más complejo que el de un tren... Entre el anonadamiento técnico y el desafecto político, me quedo con el anonadamiento que me produjo un simple tren de Metro al entrar en la estación.

La Era de las Pirámides en el siglo de la Gran Prueba

Eduardo Torres Morán

Universidad Autónoma de Madrid

Lewis Mumford escribió una vasta obra titulada *El mito de la máquina* (2010) en la que hace un recorrido exhaustivo y riguroso sobre la evolución de la técnica y la tecnología humana poniendo el foco en distintas cuestiones, desde la importancia del lenguaje hasta las formaciones artístico-espirituales de los albores de la civilización. Sin embargo, aquello que quizás más cabe destacar y que da título a este pequeño ensayo es la denominada Era de las Pirámides, o si se prefiere, el contexto propicio para el ensamblaje de la «megamáquina». La Era de las Pirámides data del antiguo Egipto, aunque también podemos encontrar manifestaciones de esta en otras civilizaciones como Mesopotamia. En cualquier caso, lo importante no radica en dar una fecha concreta de gestación, sino más bien en centrarse en las condiciones de posibilidad de la megamáquina. Efectivamente, la megamáquina corresponde a un contexto socio-histórico-técnico determinado que propicia estas condiciones, en palabras de Mumford (2010): «desde el punto de vista técnico, lo más notable de esta transformación es que no fue el resultado de inventos mecánicos, sino de una forma de organización social radicalmente nueva; un producto del mito, la magia, la religión y la naciente ciencia de la astronomía» (p. 23).

La megamáquina constituía esa singularidad de la Era de las Pirámides que componía un nuevo tipo de sistema, no solo político, sino también social y religioso y que llevó consigo toda una serie de procesos técnicos. Sin embargo, durante la Edad Media esta megamáquina se quedó dormida y no fue hasta el auge del mecanicismo, en su sentido tanto filosófico como científico, que volvieron a aparecer estas condiciones que le dieron forma. Pero para Mumford, ya inclusive a partir del Renacimiento, en el que el foco se vuelve a poner en los dioses solares, en la investigación y la exploración, o con otras palabras, en la constante y progresiva tecnificación de los saberes, la megamáquina toma de nuevo forma, en sus palabras: «el efecto inmediato de la nueva teología fue muy distinto: contribuyó a resucitar, o rejuvenecer, los viejos elementos del complejo de poder que en última instancia tenía su origen en la Era de las Pirámides, tanto en Egipto como en Mesopotamia» (Mumford, 2010 b, p. 51).

Este auge de la megamáquina se consolidó sobre todo con la Revolución Industrial en la que ya no se trabaja *con* o *desde* la máquina para obtener ciertos avances o investigaciones, sino que se trabaja *para* la máquina. Esto es, lo que posteriormente con otra terminología autores como Deleuze y Guattari denominarán «servidumbre maquínica», refiriendo a un régimen caracterizado no sólo por las producciones de la subjetividad sino también por la interconexión de diferentes tipos de máquinas que moldean y producen toda una serie de elementos que nos atraviesan y nos constituyen como engranajes residuales de esa megamáquina. El sujeto no es ya el centro, sino que, en palabras de Deleuze y Guattari (2017): «[...] entonces el sujeto, producido como residuo al lado de la máquina, apéndice o pieza adyacente de la máquina, pasa por todos los estados del círculo y pasa de un círculo a otro. No está en el centro, pues lo ocupa la máquina, sino en la orilla, sin identidad fija, siempre descentrado, *deducido* de los estados por los que pasa» (p. 28).

La importancia de esta servidumbre maquínica radica en que el foco se pone en la interconexión de los tipos de máquinas (que pueden ser desde máquinas del deseo hasta máquinas semióticas) y lo que engloba a esta es la máquina-capitalista-civilizada que se encarga de codificar todas las relaciones sociales, políticas, religiosas, institucionales... de una determinada manera (en este caso, con la producción en el centro). Actúa de la misma manera que la megamáquina de Mumford, pues ambas en su funcionamiento hacen del sujeto un engranaje más y siempre como residuo. Recordemos que, durante la construcción de las pirámides, como relata Mumford, la mano de obra formaba parte del complejo técnico como un medio y no como un fin. Así, hablemos de servidumbre maquínica o megamáquina, la cuestión radica en el trabajo para la máquina: aquí, nuestro siglo de la Gran Prueba (Riechmann, 2013) caracterizado por la crisis ecosocial no es ninguna excepción. La acentuación de esta servidumbre ha sido notable en la medida en que la aparición de las nuevas tecnologías ha ayudado a la integración de todo sujeto en los perversos mecanismos de la producción, en los que estos son vistos como un mero engranaje más, tengan la edad que tengan o sean el ser que sean (quiero decir que, aquí, «sujeto» no refiere únicamente al *Homo sapiens sapiens*).

En conclusión, la megamáquina o la servidumbre maquínica se han acentuado en nuestros días por la proliferación de todas estas nuevas tecnologías, inclusive la perversidad de los algoritmos ha intensificado todavía más el diseño y la orientación del usuario hacia cierta modelación del deseo. Una vez más la megamáquina se instaura y con más fuerza que nunca: tal vez el foco ya no sea ese Dios Sol o las ciencias, sino más bien el flujo del dinero que hace de la servidumbre algo inconsciente.

Cosmismo ruso

Ayoze González Padilla

Numinis Revista de Filosofía (UAM)

Podría decirse que el cosmismo ruso es un gran desconocido. Esto es debido a que, en torno a ciertas nociones como la inmortalidad tecnológica, en lengua hispana, los debates contemporáneos han ido girando alrededor del trans-posthumanismo de forma cada vez más amplia, pero en ningún momento nadie parecía tener noticias sobre el cosmismo ruso. Esto no solo es debido a cuestiones sociopolíticas, sino principalmente idiomáticas. Es por ello que en 2021 se tradujo un libro editado por Boris Groys titulado *Cosmismo ruso*, con el que, si estoy en lo cierto, es el primer libro en lengua hispana que trae a los autores cosmistas a nuestra lengua. Aunque, quizás sea la traducción al español de las obras del cosmista K. E. Tsiolkovsky en 2023, lo que ha propiciado que esta corriente empiece a conocerse.

El cosmismo ruso es una filosofía tecno-optimista y especulativa surgida a finales del siglo XIX y principios del XX en Rusia, que pretendía vincular a la humanidad con el cosmos. Esta corriente surge como resultado de una serie de convergencias socio-históricas de gran importancia. Cabe destacar el fracaso y limitación del cristianismo histórico; el avance de la ciencia —en especial de la física—, el avance de la tecnología, la demanda de un biopoder absoluto por parte de los pensadores rusos y —entre medio— la Revolución de Octubre, además de otros aspectos.

Una de las tesis centrales fue el rechazo por los límites espacio-temporales del ser humano en la tierra y el rechazo a la fe cristiana respecto a la realidad de ultratumba y el reino de dios. Los cosmistas creían en la resurrección de los muertos, pero de un tipo particular, es decir, una resurrección artificial que, si bien partía de la necesidad de inmortalidad humana individual, dicha inmortalidad debía ser el objetivo de la sociedad y estar garantizada por toda política estatal (*Cfr.* Boris Groys, 2021, pp. 2-26). Pero, a diferencia del socialismo imperante de la época, lo que proponía Nicolái Fiódorov es su *Filosofía de la tarea común* era la creación de las condiciones tecnológicas, sociales y políticas que permitieran la resurrección por medios tecnológicos. Pero, y aquí lo más llamativo, Fiódorov no creía en la inmortalidad del alma, sino del cuerpo, y en este sentido, la resurrección no solo debía realizarse a los humanos del futuro gracias al progreso tecnológico, sino que la *tarea común* es un proceso de resurrección que incluye las generaciones pasadas, presentes y futuras (*Idem*).

Así, «el problema de la inmortalidad se traslada de las manos de Dios a las manos de la sociedad o, incluso del Estado» (*Ibid.*, p. 11). De este modo, si el socialismo y la fe en el progreso de la época prometía una sociedad perfecta, se trataba de un privilegio del que solo iban a participar las generaciones del futuro, quedando así las del pasado y del presente como meros damnificados del desarrollo tecnológico. Es por ello que para los cosmistas:

> El socialismo del futuro puede pretender el título de sociedad justa solo si se fija el objetivo de resucitar por medios artificiales a todas las generaciones que echaron los cimientos de su prosperidad. [...] El socialismo debe establecerse no solo en el espacio, sino también en el tiempo. [..] Esto permitirá además cumplir la promesa de fraternidad hecha, pero no cumplida, por la revolución burguesa justo con las promesas de libertad e igualdad (*Ibid.*, p. 12).

Un aspecto crucial en Fiódorov es lo que podríamos denominar como su «filosofía del museo». Esto refiere a que el cosmista, para justificar ontológicamente la inmortalidad individual del cuerpo, acude a la noción de museo para hacer una analogía respecto a la conservación de lo corpóreo, del mismo modo que se conserva una obra de arte, que a fin de cuentas es otro tipo de cuerpo. Para Fiódorov, el museo tiene una existencia contradictoria debido a que contradice el espíritu utilitario y pragmático de la época. Esto es debido a que el museo conserva lo innecesario y perecedero del pasado, objetos sin aplicación práctica en la vida real, no aceptando la muerte ni la destrucción de las cosas (*Ibid.*, p. 13).

Por consiguiente, el museo, al extender la vida de las cosas pasadas, va en contra de la idea de progreso, que consiste en reemplazar lo viejo por lo nuevo. Esta idea de extender la vida de las cosas, de lo corpóreo hacia la estatización o la inmortalidad del objeto, es considerada por el cosmista como una forma útil de comprender la inmortalidad humana, ya que, es a través de concebir el mundo como un museo humano que el autor plantea la necesidad de llevar a cabo su proyecto. Es por ello que para Fiódorov en el arte no hay progreso, sino conservación y regreso. El arte es una tecnología del regreso que sirve, no a la vida finita sino a la vida infinita e inmortal. De este modo, los humanos, en calidad de obras de arte, deben ser levantados de entre los muertos y ser (ex)puestos en museos para su conservación, siendo, por tanto, la tecnología una tecnología del arte y el Estado el museo de la población (*Ibid.*, pp.13-14.). A este respecto señala Fiódorov lo siguiente:

El museo es una colección de todo lo caído en desuso, muerto, inepto para todo uso; pero precisamente por eso mismo es también la esperanza del siglo, porque la exis-

tencia del museo demuestra que no hay asuntos conclui-
dos. Por eso el museo representa un consuelo para todo el
que sufre, porque es la instancia superior de una sociedad
económico-jurídica. Para el museo la propia muerte no es
el final, sino solo un comienzo (Nikolái Fiódorov, 2021,
en *op. cit.*, p. 56).

Algo similar señala otro cosmista —K. E. Tsiolkovsky— cuando escribe que: «Los muertos no tienen tiempo
y solo lo reciben cuando resucitan, es decir, cuando adquieren la forma orgánica más alta de animal consciente»
(K. E. Tsiolkovsky, 2023, p. 20). Los otros cuatro cosmistas
que Boris Groys recoge en su libro, A. Bogdánov, V. Mu-
raviov, A. Chizhevski y A. Svyatogot, si bien coinciden
en muchos aspectos, tampoco podría decirse que sea una
filosofía integral, ya que existen distintas propuestas que
divergen entre sí.

De entre los aspectos comunes cabe destacar, como
ya se ha mencionado, la crisis de las religiones tradicionales y el nihilismo filosófico que, a diferencia de la filosofía
europea occidental, donde tanto Nietzsche como Heide-
gger respondieron arrojándose al caos del mundo, bien
al contrario, los cosmistas confiaron en habitar un cosmos
ordenado a través de la razón. Una razón que forma parte de la materia del cosmos, ya que, para los cosmistas,
entre la razón y el mundo no hay una ruptura ontológica,

y en este sentido, un pensamiento es un proceso material que emerge en forma de continuidad desde el ser humano hacia el mundo, estando además ligado a otros procesos cósmicos. Por consiguiente, el cerebro humano es materialmente parte del universo, pudiendo por ello participar de forma activa en la organización del cosmos (*Cfr.* Martín Baña y Alejandro Galliano, 2021 en *op. cit.*, p. 27).

Por tanto, el cosmismo ruso integra de manera holística y orgánica la ciencia natural, la metafísica, el racionalismo y el misticismo. Entre sus ideas clave se encuentran la evolución ascendente, la conexión intrínseca entre la Tierra y el universo, la interrelación indisoluble entre el ser humano y la biosfera, la necesidad de la expansión humana hacia el espacio y la superación de la muerte, el caos y la entropía. Una característica particularmente distintiva de este campo es que alberga algunas de las primeras teorías y concepciones de la conciencia como producto del desarrollo del mundo y del pensamiento como fenómeno planetario, que además guardan relación con las teorías cosmológicas del valor. Muchos de estos conceptos iniciales han sentado las bases para desarrollos posteriores en las biociencias y geociencias modernas, así como en la astrobiología y en la formulación del concepto del Antropoceno. En definitiva, podemos conceptualizar la idea de los cosmistas en la siguiente afirmación que realiza uno de ellos, Alexander Svyatogor: «No se puede seguir siendo solo espectadores, hay que ser participantes activos de la vida cósmica» (Alexander Svyatogor, 2021 en *op. cit.*, p. 129).

El impacto de la Inteligencia Artificial en la industria del cine

Arantxa Serantes

Universidad Francisco de Vitoria

La industria del cine ha sido una fuente inagotable de entretenimiento y creatividad a lo largo de décadas, pero la reciente huelga de guionistas en EEUU da que pensar. Desde los primeros días del cine mudo hasta las sofisticadas producciones de efectos especiales de la actualidad, los guionistas han desempeñado un papel crucial en la creación de historias que cautivan al público. Sin embargo, en la era de la Inteligencia Artificial (IA), surge una pregunta inquietante: ¿Pueden los guionistas quedarse sin trabajo?

Desde la generación automática de diálogos hasta la creación de personajes virtuales realistas, la IA está demostrando su capacidad para desafiar las convenciones tradicionales de la escritura de guiones y la narrativa cinematográfica. Una de las áreas donde está teniendo un impacto notable es en la generación de guiones. Los sistemas pueden analizar patrones de éxito en películas pasadas, identificar elementos de trama efectivos y crear guiones basados en estos datos. Esto plantea la pregunta de si los guionistas humanos pueden ser reemplazados por algoritmos. Aunque puede generar guiones, todavía existe una brecha significativa en la capacidad de la IA para crear historias ricas en matices emocionales, complejidad moral y originalidad.

Los directores y productores pueden utilizar la IA para predecir el éxito de una película antes de que se haya filmado una sola escena. Al analizar datos demográficos y de preferencias de audiencia, porque puede proporcionar información valiosa sobre el mercado objetivo de una película, lo que puede influir en las decisiones sobre el reparto, la promoción y la distribución. También puede acelerar el proceso de edición, ayudando a identificar las tomas más efectivas y a montar una película de manera más eficiente. Además, la IA puede generar efectos visuales impresionantes y realistas, reduciendo la necesidad de costosos equipos de efectos especiales.

La IA también está siendo utilizada para crear personajes digitales cada vez más realistas. A través de la captura de movimiento y la síntesis de voz, los personajes generados es posible interactuar con actores humanos de una manera que era impensable hace solo unos años, pero la esencia de un personaje memorable a menudo radica en la profundidad de su desarrollo y su capacidad para conectar con la audiencia, algo que todavía depende en gran medida de la creatividad humana.

Entonces, ¿qué significa todo esto para los guionistas? Que, a pesar de los avances de esta tecnología, los guionistas siguen siendo esenciales en la industria del cine. La combinación de la creatividad humana y las capacidades de la IA tiene el potencial de enriquecer la industria cinematográfica y ofrecer nuevas posibilidades creativas.

De hecho, la Alianza de Productores de Cine y Televisión (AMPTP, 2023), indica, textualmente:

Aunque las empresas pueden utilizar guiones creados por IA generativa como material de partida, cualquier escritor que reelabore el guion será compensado como si fuera el autor original. Además, cualquier estudio o productora que busque la ayuda de un guionista para desarrollar un guion producido por IA deberá revelar el origen del mismo.

Recientemente, la *Writers Guild of América* pidió de forma expresa que se prohibiera crear guiones con IA, pero también hubo sugerencias para que los extras fueran escaneados en el primer día de trabajo para posteriormente recibir una compensación siempre y cuando cedieran sus derechos de imagen a cambio de la misma. Y es que las productoras de *streaming* más populares la quieren implementar, porque puede generar grandes beneficios y menor coste a la industria del entretenimiento y Hollywood no iba a ser menos. Aunque todo tiene un límite.

Videojuegos y Obsolescencia
Sergio Cánovas Flores

Numinis Revista de Filosofía (UAM)

Imagina, querido lector, lo siguiente: compras un libro en una tienda, disfrutas de su lectura y procedes a guardarlo en un lugar privilegiado de tu estantería. Entonces te despiertas un día y al abrir el libro descubres que todo el texto se ha vuelto ilegible porque la editorial diseñó el libro con un plazo de vida de dos años, a partir del cual la tinta se deshace o desaparece. Ahora imagina que algo parecido pudiera pasar con prácticamente cualquier producto; coches, televisores, móviles... En fin, cualquier producto manufacturado. Este fenómeno, llamado «obsolescencia programada», aunque existente de forma embrionaria desde principios del siglo XX, alcanzó su zenit con el surgimiento de la sociedad del consumo de masas a partir de los años sesenta en adelante, y es quizá uno de los ejemplos más sangrantes de las prácticas abiertamente hostiles a los intereses de los consumidores.

Pero, ¿en qué consiste la obsolescencia programada? Se trata de un sistema de diseño a través del cual un objeto o producto se vuelve inservible tras una calculada cantidad de tiempo (o de usos). El objetivo del mismo no es otro más que incrementar las ventas de productos reduciendo su tiempo de vida útil, por tanto, obligando al consumidor a comprar más unidades de lo habitual. Esta nefasta práctica, que necesita de economías controladas, cárteles y oligopolios para funcionar plenamente, es afortunadamente ya poco usual en occidente. Sin embargo, hoy quisiera reflexionar sobre cómo existe una suerte de obsolescencia programada en el mundo de los videojuegos, especialmente en los grandes títulos.

En un inicio, un videojuego era simplemente un producto físico que, una vez adquirido, podías hacer con él lo que quisieras; jugarlo, guardarlo, venderlo de segunda mano, dárselo a un amigo, etc. En esta era analógica, el videojuego era un producto que no permitía actualizaciones o modificaciones. Si tu videojuego tenía muchos defectos, poco se podía hacer al respecto. No se podían aplicar «parches» como es común hoy en día. Algo parecido sucedía con las consolas de la época, si estas salían de fábrica con errores fatales, había que crear nuevas unidades con los errores arreglados y rezar para que los consumidores no empezaran a aplicar demandas judiciales. No me refiero solo a consolas de los años ochenta o de los noventa, sino también más recientes como la Xbox 360, que salió al mercado con graves defectos de fábrica en 2005.

Hoy en día, la inmensa mayoría de videojuegos se adquieren en línea a través de Steam o de las páginas web de las empresas creadoras. Es esto lo que permite la nueva forma de obsolescencia que voy a proceder a detallar. Un videojuego exclusivamente en línea es susceptible de ser retirado del mercado sin que el consumidor pueda hacer nada al respecto, ya sea porque no produce más beneficios, por problemas de licencias, por ser muy mal recibido, porque la empresa quiebra, o simplemente porque ya no le interesa mantenerlo virtualmente por cualquier motivo. El lector podría argüir que esto rara vez sucede, pero se han dado casos notables como el de *Evolve*, y la mera posibilidad de que suceda es causa suficiente de preocupación. ¿Acaso aceptaríamos que nuestro móvil, televisor o cualquier electrodoméstico dejase de funcionar porque a la empresa ya no le reporta beneficios, o para incentivar la compra del último modelo? Seguramente no.

Otro elemento que intensifica este problema de obsolescencia programada es una mentalidad cada vez más común que ve al videojuego no como un producto, sino como un servicio. En estos casos, el videojuego recibe una serie de actualizaciones con contenido descargable (DLC) que el consumidor puede adquirir para enriquecer su experiencia más allá del juego de base. El modelo de negocio no es malo *per se*, pero fácilmente permite malas prácticas anticonsumistas; videojuegos que se publican sin terminar y que se completan a través de DLC, microtransacciones innecesarias, pases de batalla, contenidos descargables que ponen al usuario en una situación de ventaja frente a otros jugadores, etc. En breve, esquemas diseñados para extraer la mayor cantidad de dinero del usuario sin que muchas veces se ofrezca algo de verdadero valor.

El mundo de los videojuegos como servicio es sumamente amplio y complejo, y hay buenos y malos ejemplos de los mismos. El problema es que el videojuego deja de ser un producto claramente definido y si, por ejemplo, el desarrollador decide abandonar el juego o directamente eliminar su disponibilidad, el usuario poco puede hacer al respecto. En los mejores casos aún puede acceder al juego, pero en los peores puede desaparecer de su plataforma, como si no lo hubiese adquirido en primer lugar. Un caso más tangencial pero también relativamente común son los juegos de un solo jugador que requieren de una conexión permanente en línea, que facilitan las prácticas anteriormente mencionadas. Juegos como Hitman 1 o 2 no requieren de dichos servicios más allá de los modos online, pero construirlos partiendo de esquemas de juegos exclusivamente online solo sirven para empeorar la experiencia del usuario, especialmente cuando los servidores se caen o hay problemas técnicos de cualquier tipo.

Y finalmente otra cuestión subyacente (aunque no directamente relacionada con la obsolescencia programada) es la preservación de los juegos considerados «retro», especialmente aquellos que han tenido poca distribución o que han permanecido limitados a un cierto mercado (muchos juegos japoneses, por ejemplo). En estos casos, la preservación es incluso aún más acuciante, porque las unidades se van reduciendo y las empresas propietarias de dichos productos tienen pocos o ningún incentivo a republicarlos o digitalizarlos para que sean accesibles al mercado moderno. Es una cuestión mucho más importante de lo que parece porque priva a un medio artístico de su propia historia y legado. ¿Cómo pueden aprender otros desarrolladores los logros, las bellezas, los aciertos y errores del pasado si ni siquiera son capaces de acceder a muchos juegos de formas que no sean estrictamente ilegales?

De la misma forma que la ciencia, la cultura es como una torre de babel que se va construyendo sobre el legado de las generaciones pasadas. Del mismo modo que la literatura, la música, la pintura y cualquier medio artístico no pueden crecer y expandirse sin un conocimiento de su historia, este continuo partir de cero supone un continuo altibajo en el desarrollo de los videojuegos como medio artístico, habiendo ya superado el estadio de ser meros productos de entretenimiento para jóvenes de los años ochenta y noventa. Esta es una de las razones de por qué considero que la piratería es positiva, pues la distribución de ROMs (archivos digitales de videojuegos) y su ejecución a través de emuladores ayudan a preservar estos juegos de prácticamente desaparecer. La piratería muchas veces existe para satisfacer una demanda ignorada por las empresas

En suma, aunque la obsolescencia programada está prácticamente desaparecida de las economías occidentales (en buena medida gracias a la libre competencia y las economías abiertas), en el caso del mundo de los videojuegos sigue viva, mantenida de forma interesada por unos conjuntos de intereses creados entre desarrolladores y los departamentos de marketing. Por eso hay que abogar por la longevidad de la vida útil de los juegos más allá del corto plazo que decidan las empresas, de lo contrario se perderán como muchas de las primeras películas de la historia, desaparecidas ante la indiferencia de la mayoría. La preservación de los videojuegos, algo en lo que rara vez se piensa hoy en día, ha de ser un interés que tenemos de divulgar.

FILOSOFÍA,
MÚSICA Y SOCIEDAD

COLECCIÓN

NUEVA FILOSOFÍA

Soy un estereotipo trans
Daniel Escoto Ledesma

Universidad Westhill

Hay relaciones que constituyen una evidente diferencia de poder, como la relación médico-paciente. El poder referido en este tipo de relaciones se ancla a la oposición de saberes: el paciente acude a un médico presentándole una serie de signos y síntomas; el médico decodifica lo referido para encontrar un diagnóstico, tratamiento y seguimiento.

Este tipo de modelo es individual, privado, como un acuerdo mutuo donde el médico comparte su conocimiento y el paciente entrega a la pericia médica su bienestar. Dentro, comprendemos que hay un sinfín de pacientes acudiendo con un sinfín de médicos.

En ocasiones se habla sobre el tipo de pacientes que el médico recibe. Se les clasifica dependiendo de si son de fácil o difícil manejo, categorizando los «difíciles» a partir de respuestas y rasgos estereotipados —como pasivo-dependiente, emotivo-seductor, masoquista, somatizador, exigente-agresivo, incumplidor, por decir algunos—. Pero en el poco tiempo que llevo estudiando en la facultad de medicina, hay pocos pacientes de los que he escuchado con mayor queja, dudas y angustia como de la gente trans.

Hace unos pocos días tuve la oportunidad de participar en un seminario como estudiante de medicina, junto a tres doctores, para hablar sobre la inclusión de la existencia trans en las profesiones de la salud. Fue un foro en línea, disponible a cualquier persona que se registraba. En su mayoría fueron médicos, lo cual fue estresante por sí mismo. Cayeron preguntas abiertas, directas y anónimas.

Yo, estudiante de medicina, desertor de filosofía, próximo a titularme como psicólogo, pensando en la pronta posibilidad de casarme con mi pareja de tres años, llevando ya más de cinco años de transición y viviendo como hombre en sociedad mexicana, tuve una hora tan angustiante como cuando fui adolescente y mi madre me castigó el celular, pidiéndome la contraseña para poder revisar mis mensajes.

Hay un proceso de vulnerabilidad que se complica al explicar a quienes no han padecido de escondites, prohibiciones de lo nato y consensuado, de intransigencias a la privacidad por el mero hecho de ser o sentir sin un daño intrínseco al ser ajeno. Y ahí me encontré, en ese seminario, intentando aportar lo máximo posible para no ser catalogado como el token de la conferencia.

Mentiría si expresara un completo desdén por el espacio. Hay muchas cosas que me hicieron sentir afortunado. Por ejemplo, las doctoras del seminario son doctoras mías (la endocrinóloga es quien me apoya en la transición, la reumatóloga me apoya con mi discapacidad física), a las cuales aprecio bastante; el equipo de la institución de publicación académica médica fue de gran apoyo y dio un excelente seguimiento a todo. La calidad de las preguntas mediadas por la institución con respecto a los ponentes, incluyéndome, fue de un gran respeto y con grandes intenciones. Sin embargo, las preguntas públicas me tomaron por sorpresa y, al mismo tiempo, fueron del tipo exacto que esperaba, lo cual me decepcionó.

Lo curioso es que, al principio, mis respuestas estaban ancladas a un diálogo previamente preparado por mí, no con el propósito de ser leído sino con el propósito de recordar mis puntos. Intenté ser muy meticuloso en las respuestas que daba, sabiendo que, de cierta manera, para una sección de dicho foro yo sería la primera persona trans que habrían visto en su vida. No se trata de darme un crédito entero, abanderarme como el salvador del colectivo trans entre el gremio médico, pero sabía que podría aportar una diferencia puntual.

Hubo momentos durante la organización de mi diálogo que oscilaba entre analizar si mis respuestas tendrían un impacto de ser «un buen» o «un mal» trans para los espacios cisgénero. ¿Qué resultaba más importante? ¿Quedar bien a los ojos de la mayoría, educar de la manera más tajante, mediar entre un público académico mientras hacía guiños a la comunidad a partir de comentarios que requerirían una amplia sabiduría sobre intertextualidad queer o tener una postura tan neutra que pudiese ser clasificada como tibia o sin convicciones firmes?

Toda mi discusión interna se vio removida desde la primera pregunta. «Históricamente, ¿cómo ha sido la atención y cómo se ha transformado la atención a pacientes transgénero desde su experiencia?». Era evidente que sí podría hablar desde lo histórico, rememorar cómo llevamos sólo un DSM y un CIE sin clasificar a la comunidad trans como patológica, pero mi respuesta decidió hablar desde lo más conocido: lo que he vivido yo como paciente. Fue un poco crudo para mí explicar cómo se me ha calificado con prejuicio el ser trans en consultorios, cómo se le ha clasificado a mi dolor crónico como una consecuencia directa del «trauma de ser trans» mientras me refieren a psiquiatría. Hablé por mis amistades trans, quienes han sufrido de violencia médica por prejuicios sobre una poca receptividad para comprender su propio padecimiento, una negación directa del servicio o la descalificación de ser merecedores de una atención de calidad por experiencias que se anclan de manera estereotipada a la comunidad LGBT.

Apenas escuché a los demás participantes hablar, comenzó una emoción distinta. Al comenzar mi planeación, pasé por el tipo de ansiedad natural por enfrentarnos con un reto específico. A mí, en lo particular, la experiencia de hablar en un foro me fascina siempre y cuando parta de mi decisión. Pero esa ansiedad se había esfumado ya, ahora le daba la bienvenida a un dolor profundo en el abdomen con mayor sujeción a lo descrito como «vacío». No tanto por mi respuesta, ni siquiera la exposición de los casos –tanto el propio como los comunitarios– me incomodó siendo algo que, al fin y al cabo, es realidad. Mi problema comenzó a residir en las preguntas del público. «¿Qué hacemos como médicos si un paciente trans no entiende que no debe ir a ginecología, sino a urología?». Mientras me preguntaba qué carajos quería indicar con su pregunta, me respondí el porqué de mi incomodidad: es un reto muy injusto e interesante a la par tener que, desde una vulnerabilidad y calidad de minoría ser a quien impulsan a educar a un ámbito de mayor autoridad académica, de cierta manera.

Hay relaciones que constituyen una evidente diferencia de poder, como la relación médico-paciente. Pero muy pocas veces se habla de cuando el médico es el que debe aprender a partir de un paciente. Se habla bastante de un cierto ego redundante en gran parte del gremio médico, donde pueden llegar a olvidar su calidad de humanos para visualizarse como máquinas, a veces incapaces de crecer en conocimientos. Me parece curioso como algunos olvidan que la investigación tanto clínica-científica como social y filosófica no terminan jamás.

No esperaba sentir tanta vulnerabilidad hasta que comprendí lo inevitable que era. Siguiente pregunta: «¿Qué cambios o adaptaciones ha tenido que hacer para proporcionar una atención más inclusiva a los pacientes transgénero?». Yo, ninguno. Tal vez comprender en qué sentido iba a llegar el proceso en un consultorio siendo trans. «Comprender la esfera biopsicosocial como un elemento de importancia clínica», respondí. No sólo contestando a su pregunta, sino también a la mía: ¿qué cambios he tenido que hacer para soportar las preguntas incómodas por parte de algún médico yendo yo a consulta siendo trans? Tengo que comprender que no es su culpa –probablemente– no saber sobre la existencia trans del todo. Tal vez nunca ha conocido a nadie trans.

Me explico las cosas constantemente para no tener ningún tipo de repercusión en un espacio donde tengo una ligera desventaja en algún sentido. Al fin y al cabo, el médico podría rechazar atenderme, podría no visualizar bien mi sintomatología, podría practicar negligencia deliberada, pero la gran mayoría nunca lo han hecho. He tenido interacciones amenas o algunas que parten hacia otro extremo: «casi todo mi círculo social es trans, vas increíble en tu transición». Suelo agradecer el apoyo, pero es extraño que lo comenten cuando mi consulta fue por finalidad gastrointestinal.

Tercera pregunta: «¿Cómo manejan las posibles barreras o prejuicios que pueden surgir dentro del sistema de salud al atender a pacientes transgénero? ¿Tienen algún protocolo o consejo para los profesionales de la salud que se encuentran con estas dificultades?». Aproveché en mencionar que la experiencia trans no es algo novedoso, pero sí lo es el reconocimiento social, político y cultural de la comunidad. Hablo de la importancia de educarnos, de la poca información que existe en repercusiones fisiológicas para las personas que toman algún tratamiento hormonal... Asimismo, reviso la segunda pregunta en el chat «¿Qué hago si mi paciente trans incomoda a la gente cis? ¿Cómo lo abordo?».

Comprendo la complejidad de las experiencias tanto personales como en sociedad. Comprendo lo que la subjetividad puede jugar en las vivencias. Comprendo que no puedo descalificar a alguien sólo por el tipo de preguntas que hace, que no puedo conocer a partir de dos oraciones el tipo de criterio que alguien tiene. Pero quisiera muy en el fondo perder dicha comprensión, para responder sin ningún tipo de filtros y de complejos.

...«Dr. Daniel, considerando la atención desde su perspectiva como paciente y como profesional de la salud,

¿qué cambiaría sobre los abordajes actuales en la atención a la comunidad transgénero?». Jamás me habían llamado doctor, ni siquiera lo soy todavía. Aproveché para tocar algunos temas que consideraba fundamental comprender: que lo que buscamos como comunidad no sólo reside en una transición hormonal, tratamiento o atención a nuestra salud mental. Queríamos atender nuestra gripa, dolor de cabeza o esguince sin tener que educar al médico lo que significa nuestra vivencia, justificándola de alguna forma.

Hablé de cómo existía un estereotipo incrustado en la comunidad, donde se aviva una reactividad emocional y defensa automática sobre la vivencia trans, donde se nos tiene que tratar con pinzas y sin errores. Insistí en que se comprendiera que podíamos llegar a estar a la defensiva porque no acudimos sólo con la preocupación de nuestro padecimiento al consultorio, ya que resulta un volado si el personal de la salud que nos atiende va a comprender nuestra experiencia, la respetará o si tendremos que argumentar nuestro día a día en un consultorio.

Hablé de cómo lo que esperamos va más allá de empatía como un anclaje a «ponerse en los zapatos ajenos», como alegoría a comprender lo que el otro está pasando. También, se trata de la capacidad de atender dicha esfera biopsicosocial. Donde esperamos ser atendidos en grupo como seres humanos, capaces de escuchar y razonar. Hablé de cómo, muchas más veces de las que creemos, el

sentido común es obtenible a partir de una plática sin prejuicios y directa. Hablé de cómo la reactividad emocional
estereotipada hacia la comunidad es igual de latente que
una reactividad emocional por parte del que desconoce o
se opone a aprender sobre nuestra comunidad.

Dentro de estas etiquetas se olvida encasillar a un
tipo de paciente «difícil» que tanto se escucha en el gremio
con pesadumbre, estrés y prejuicio: un paciente trans. Pero
va más allá de querer exponer mi angustia natural por mi
género, quiero aclarar que pocas experiencias han sido tan
enriquecedoras como descubrirme trans. Mi «Ser» trans
es un espacio seguro, un gran momento de aprendizaje,
de paz y de cariño. Pero a mis veintiséis años aún me falta
aprender de resiliencia, el instruirme sobre cómo lograr
no sentirme vulnerado y desprotegido como cuando mi
madre descubrió por primera vez en mis mensajes que mis
amistades me llamaban Daniel, amigo, hermano.

Es un verdadero dolor de espíritu (por no decir de
cojones) que a veces me quede sin posibilidad de repli-
car con certeza que no hay personas trans con reactividad
emocional al propio hecho de ser trans. Evidentemente las
hay, y resistiremos tal cual con el trauma que implica el
proceso. Es tan extraño tener que explicar que, por supuesto que sí hay repercusiones en nuestra psique, las cuales no
van de la mano con el «hecho» de ser trans, sino con las
herramientas que mi familia tuvo para procesarlo, con lo

que mi gobierno pudo y no quiso ofrecerme, con lo que significó para mis círculos sociales, para mi ropa, para mis rutinas, para mi escolaridad. Qué irónico ser humano y tener miedo a caer en estereotipos, conjeturas o encasillamientos. ¿Acaso las ranas tendrán miedo de saltar?

Terminando el seminario, me escribieron algunas personas. Por un lado, me agradecieron por abrirme, por otro me afirmaron que fue una buena ponencia. Una persona en específico me felicitó, no por la ponencia, no por mis palabras, sino por lo bien que combinaban mis lentes, mi atuendo con mi recién posible barba. Al final del día, siempre sonrío profundamente, como lo hice en la adolescencia después de que mi madre descubrió que era trans. «Ya soy libre de decirlo».

La educación en la excelencia y en los valores:
Una prioridad en Adela Cortina

Nicolás Fuentes Valdebenito

Universidad Adolfo Ibáñez

Uno de los retos importantes en las sociedades pluralistas es el de la educación, ya que, en sociedades con un único código moral, no existe esta complejidad. En tales sociedades, sólo hay un código de conducta y, en el caso de situaciones concretas, se consulta a ese código moral. Sin embargo, en las sociedades pluralistas, al no tener un único código moral sino diferentes éticas de máximos[1], surge el problema de decidir qué valores inculcar en la sociedad, tanto en instituciones de educación públicas como privadas. Por eso es necesario tomar conciencia de los valores que realmente apreciamos como sociedad (Cortina, 2014). La educación en valores, por lo tanto, será clave

---

1. Sobre las éticas de máximos Cortina afirma que «bosquejan ideales de hombre y de felicidad desde el arte, las ciencias y la religión; desde esa trama —en suma— de tradiciones que configuran la vida cotidiana» (Cortina, 2020, p. 191).

para formar ciudadanos críticos y autónomos, y también para construir una sociedad más justa. En este sentido, Kant (2021) afirmó acertadamente que el hombre es tal gracias a la educación[2], la cual desempaña un papel central en la vida de las personas.

La educación, y por ende el educador, tienen como meta —según Cortina—, «que el niño piense moralmente por sí mismo cuando su desarrollo lo permita, que se abra a contenidos nuevos y decida desde su autonomía qué quiere elegir. El educador pone así las bases de una moral abierta» (Cortina, 1996, p. 71). Esto se diferencia claramente de la meta del adoctrinador, que busca que el niño incorpore los contenidos morales que él le impone sin permitirle pensar fuera de lo impuesto, es decir, promoviendo una moral cerrada (Cortina, 1996). Esta diferencia es clave para la base de una educación cívica y no un adoctrinamiento.

La educación de calidad tiene la misión de formar en la excelencia y no en la mediocridad, pues los excelentes son los virtuosos. La palabra «excelencia» (*areté*) tiene su origen en los discursos homéricos en Grecia, como la *Iliada* y en la *Odisea*, donde los excelentes (*aretei*) eran aquellos que se destacaban por una habilidad por encima de

---

2. Kant sostiene que «únicamente por la educación el hombre puede llegar a ser hombre. No es, sino la educación le hace ser» (Kant, 2021, p. 31), además, destaca que por la educación el hombre ha de ser disciplinado, cultivado y atiende a la moralización (p. 38).

la media (Cortina, 2021b), los excelentes son los virtuosos. Las virtudes (*areté*), por tanto, son aquellos hábitos que nos predisponen a obrar bien con una excelencia del carácter, mientras que los vicios nos predisponen a obrar mal (Cortina, 2009). En nuestras sociedades, necesitamos excelentes —como afirma Cortina— «para conquistar personalmente una vida feliz, para construir juntos una sociedad justa, necesitada de buenos ciudadanos y de buenos gobernantes» (Cortina, 2021b, p. 141).

La educación en la excelencia también exigirá una ética de las profesiones, donde los bienes internos de cada actividad social son a la vez la meta de cada una de ellas.[3] MacIntyre, filósofo de la virtud, define a los bienes internos como «resultado de competir en excelencia, pero es típico de ellos que su logro es un bien para toda la comunidad que participa en la práctica» (2004, p. 252). Por ejemplo, el bien interno de la sanidad es el bienestar del paciente, mientras que el de la docencia es la transmisión de la cultura y de la formación de personas críticas (Cortina, 2021a). Por lo tanto, se exige a los profesionales que desempeñen su labor orientados en estos bienes internos y que sean lo más competentes posibles. Por otra parte, también hay bienes externos que, a diferencia de los internos, no son estos los que dan sentido a la actividad profesional, sino que son

---

3. En este sentido, Cortina identifica como «momento aristotélico» a este momento referido a la dimensión de actividades que tiene toda ética aplicada (2002, p. 55).

motivaciones personales como el dinero, el prestigio y el poder. Sin embargo, cuando se confunden los bienes internos por los externos se produce la corrupción (Cortina, 2021a). Por eso, afirma Cortina que la raíz de la corrupción reside «en la pérdida de vocación, en la renuncia a la excelencia» (Cortina, 2001a, p. 136).

La educación moral es imprescindible para la formación de una excelencia del carácter, Cortina afirma que:

«Educación moral» significa, pues, en este primer sentido ayudar a modelar el carácter, de modo que la persona se sienta en forma, deseosa de proyectar, encariñada con sus proyectos de autorrealización, capaz de llevarlos a cabo, consciente de que para ello necesita contar con otros igualmente estimables (Cortina, 2022, p. 214).

En este sentido, la educación moral no solo busca fortalecer la identidad y la autenticidad de cada persona, sino también fomentar la solidaridad y la convivencia basada en valores éticos compartidos.

Al promover la excelencia del carácter, la educación moral proporciona las bases para la construcción de una sociedad más justa, donde los individuos se comprometan activamente en la consecución de objetivos comunes y el desarrollo de una convivencia cívica armoniosa. Con respecto a la actividad profesional y la excelencia, Cortina afirma que:

Si el ejercicio de la actividad profesional exige excelencia, entonces el derecho es insuficiente: es preciso forjar el *ethos*, el carácter de la actividad humana, que se forma en valores, principios y virtudes, no con el mero seguimiento de las leyes (Cortina, 2002, p. 48).

Los cinco valores cívicos fundamentales que se destacan para la construcción de una sociedad justa son la libertad, la igualdad, el respeto activo, la solidaridad y el diálogo. Estos valores no solo deben ser enseñados teóricamente, sino también incorporados en la práctica, tanto en la vida pública como en la vida cotidiana. La educación en valores debe ir más allá de la tolerancia, buscando un respeto activo que promueva el entendimiento y la convivencia basada en el reconocimiento de la dignidad humana. Sin embargo, para que la educación en valores tenga un impacto real en la sociedad, es necesario que vaya más allá del discurso y se refleje en acciones concretas. La educación formal y la educación informal deben ir de la mano para erradicar problemas sociales como la delincuencia y el *bullying* en los colegios. Los tribunales de justicia tienen una responsabilidad pedagógica hacia la sociedad, y deben legislar en función de la verdadera justicia, enviando un mensaje claro de que los valores morales tienen consecuencias reales.

Finalmente, la educación en valores es un proceso constante que involucra a toda la sociedad. Cada individuo tiene la responsabilidad de contribuir a la construcción de una sociedad justa, promoviendo valores que humanicen y respetando la dignidad de cada persona. Solo a través de una educación en la excelencia y en los valores podremos avanzar hacia una sociedad más justa, solidaria y humana, donde cada individuo tenga la oportunidad de desarrollarse plenamente y contribuir al bienestar común. Sostenemos que la ética debe ir ligada a la política y a la economía para que las ideas no queden solo en teorías, sino que sean practicables. Por esto, un gran aporte de Adela Cortina es reconocer y visibilizar el fenómeno de la aporofobia, que se debe superar por medio de la educación, compasión y la creación de instituciones que vayan en la línea de acabar con la pobreza (Fuentes, 2023).

¿Es Papá Noel, realmente, Piotr Kropotkin con gorrito?

Manuel García Domínguez

Universidad Complutense de Madrid

Si te digo que hablaré de un hombre mayor, con barba blanca y gafas antiguas de lectura, que se presenta como la máxima expresión del regalo, puede que pienses en Papá Noel, pero no, hoy hablaré de Piotr Kropotkin. Sin embargo, para no romper las expectativas creadas, veré cuál es su relación con Papá Noel y si acaso Papá Noel no son los padres, sino el fantasma de Kropotkin que recorre silenciosamente Europa.

Veamos, ¿por qué Papa Noel daría un regalo? A primera vista, encontramos al menos dos razones: porque espera un regalo a cambio —como en el amigo invisible, lo que se llamaría el «falso regalo» en la antropología de Marcel Mauss (2010)— o por pura solidaridad. Pensemos en regalar una muñeca a un chiquillo, ¿acaso esperará del chiquillo un regalo a cambio? No parece, Papá Noel lo da por pura solidaridad. Hay quien diría que espera un comportamiento y que Papá Noel es una herramienta de control, un panóptico navideño, pero esto lo dejaré para otro ensayo.

Esta economía del don o del regalo es para los economistas convencionales algo casi antieconómico, porque producen una cantidad enorme de productos muertos o inútiles para quienes reciben el regalo. Ciertamente, la utilidad no es la principal finalidad del regalo navideño, no responde a una necesidad, a veces se busca provocar una risa o una transformación, como cuando regalé un libro de anarquismo a mi tío «el cuñao» y este lo almacena intacto. Ahora bien, ¿podríamos imaginar una economía del regalo —en su sentido solidario— que pudiera satisfacer todas las necesidades trascendiendo estos ratitos de consumismo navideño? Podemos pensar esta economía en oposición a la economía del trueque y la economía de mercado, donde los bienes y servicios se intercambian. Esto tampoco nos resulta algo del todo ajeno, en las familias y pequeños grupos de amistades funcionamos así, de hecho, mis padres pagan mis estudios —algo que, con algunas dudas, presuponemos útil— sin esperar nada a cambio y cada cierto mes, vamos a donar sangre sin esperar nada de ninguna persona hospitalizada. Aquí entra al campo Kropotkin (2020), que se pregunta, a grandes rasgos, si estas lógicas pueden extenderse a todas las necesidades.

Una sociedad regida bajo esa lógica seguiría la misma lógica que el principio básico del socialismo utópico que Marx (2017) asociará en su Crítica del Programa de Gotha a la fase superior de la sociedad comunista: de cada cual según sus capacidades, a cada cual según su necesidad. Reformulando esta idea sería algo así como «regalar a quien lo necesite el excedente —lo que no necesito— de lo que soy capaz de producir». Es un regalo en su sentido débil, puesto que, aunque no se espera necesariamente nada de tal receptor, sí se espera que otra persona nos regale aquellos bienes que necesitamos. A menudo se critica esta propuesta pensándola como un regalo en sentido fuerte, pero esta crítica no sería extrapolable a nuestro ejemplo.

Un regalo en sentido fuerte supone regalar el excedente sin esperar nada a cambio de nadie, a lo Papá Noel. Sin embargo, aunque si uno tiene cubiertas sus necesidades se pueda hacer, como la caridad a quien canta o pide en el metro, un sistema que funcione bajo ese principio fuerte es del todo insostenible. Imaginemos la siguiente situación: Papá Noel se dedica a producir hielo para cubatas y reparte el excedente a la juventud, mientras que sus necesidades básicas quedan a merced de que casualmente, repito, por suerte, una persona le dé justamente aquello que necesita, lo cual es poco probable.

Claramente, por mera probabilidad, Papá Noel moriría de hambre, de frío o de soledad.

Veamos, frente a esta, si la lógica débil del regalo es

posible. Mi tío, el que almacena intacto el libro anarquista, me dirá que el humano es egoísta por naturaleza y que, por ello, priorizará sus lujos sobre las necesidades del resto, es decir, que siempre dará si obtiene con certeza un beneficio mayor sobre aquello que da (y no atenderá a necesidades o urgencias). Kropotkin ataca, primero, a esa visión de la naturaleza humana: el humano, como animal, no es egoísta por naturaleza, de hecho, su aptitud frente al medio se ha basado históricamente en el apoyo mutuo, en la colaboración solidaria. Frente a otras visiones del evolucionismo, para Kropotkin podríamos decir que no vive el que se impone, sino el que compone.

Una vez vemos que es posible, veamos por qué sería deseable. Kropotkin dirá que la principal diferencia con la lógica del intercambio es la eliminación de la pobreza: quienes realmente necesiten, verán sus necesidades básicas resueltas a pesar de que no puedan devolver tal bien. Además, se evita la producción de cosas inútiles: mientras que, en la lógica del intercambio, una entidad puede acumular cientos de miles de casas vacías mientras otras no tienen vivienda, bajo la lógica del regalo, nadie debería acumular bienes más allá de sus necesidades a costa de la necesidad de otro. Véase que esta propuesta se opone a otras economías del regalo, como la de Hyde, según el cual en el gesto de regalar se espera que la persona que recibe regale algo del mismo valor a otra persona y se mueva así el regalo indefinidamente. En este caso, si la persona receptora, por ejemplo, debido a algún problema de salud mental o física, no puede ejercer su necesidad vital del trabajo o lo haga bajo una producción menor, otra persona le regalaría lo básico. La persona que regala debe creer que tanto la producción como la necesidad no es algo de tal o cual persona, sino de una comunidad en la que pertenece, y confiará en que toda persona de tal comunidad piense así. Ciertamente, hará falta una estructura organizativa que evalúe cómo las fuerzas productivas de esa comunidad responden a las necesidades de la misma, y sí, eso suena a planificación...

No he podido ser más simplista y dejo fuera cuestiones técnicas acerca del tamaño de las comunidades funcionales bajo este principio, qué necesidades son reales y cuáles son ficticias, cómo se distribuiría el trabajo... En fin, a estas alturas no me puedo esconder, Papá Noel ha sido una excusa para soltar mi chapa, aunque para no hacer *clickbait*, responderé a la pregunta del título y diré que Papá Noel es Kropotkin con gorrito, pero sin pan.

Sobre *Folklore* y la necesidad de explicar a Taylor Swift

Mariana García Campos

Numinis Revista de Filosofía (UAM)

El 23 de julio de 2020 la cantante estadounidense Taylor Swift anunciaba en un *post* en Instagram su octavo álbum de estudio, a menos de 24 horas de su publicación. A pesar de lo precipitado del aviso, *Folklore* entró rápidamente en las listas de éxito y se convirtió en el disco más vendido del año en Estados Unidos, y sus 16 canciones consiguieron entrar en el *Billboard Hot 100*. Esto puede no parecer una sorpresa, teniendo en cuenta que en la actualidad se trata de una de las artistas más escuchadas en Spotify y que ya se ha vuelto costumbre ver en el top global sus canciones, álbumes y regrabaciones. *Folklore* se ha convertido en un trabajo muy apreciado por fans y también ampliamente halagado por la crítica. Se trata de un álbum muy particular en la trayectoria de la cantautora que además se graba y publica en el contexto de la pandemia. En el documental *Folklore: The Long Pond Studio Sessions* (2020), Taylor Swift reconoció que era la primera vez que trabajaba fuera de un estudio, por lo que el proceso fue diferente al de sus discos anteriores. La cantante había anunciado en 2019 que a partir de noviembre de 2020 comenzaría el proceso de regrabación de sus cinco primeros álbumes para recuperar los derechos de los masters de sus canciones tras la contienda con su anterior discográfica y Scooter Braun, proceso que comenzó en 2021 con *Fearless (Taylor´s Version)*. No sólo fue lo precipitado del anuncio, sino que además la expectación se generaba en torno a este proyecto de regrabación, no a un álbum con material nuevo.

En *Folklore* encontramos un cambio en el sonido y el estilo con respecto a sus anteriores trabajos, que mantenían una sonoridad pop con una impecable y trabajada producción en contraposición al carácter más minimalista e introspectivo que presenta en este álbum, cercano al folk y al indie. Esta estética también se ve reflejada en la elección de colaboradores. Aaron Dessner, integrante de The National, trabajó en la composición y producción de varios de los temas junto con Swift y Jack Antonoff, y también cabe destacar la participación de Bon Iver en «Exile». Unos meses más tarde de la publicación de *Folklore*, se lanzó *Evermore* como secuela, continuando con la misma estética y narrativa. Es en su décimo álbum, *Midnights* (2022), que la cantautora retoma un sonido más pop. El aspecto más reconocido y elogiado de la música de Swift es sin duda su lírica, que destaca aún más en esta producción de base armónica e instrumental sencilla en donde las guitarras acústicas, el piano y los *pads* ambientales tienen el protagonismo. En cuanto a la temática, se exploran historias en tercera persona y nos desligamos un poco de la marcada línea autobiográfica a la que veníamos acostumbrados en los trabajos de la artista.

«The Last Great American Dinasty» narra la historia de Rebekah Harkness, una de las personas más ricas de Estados Unidos a mediados del siglo XX, que debido a su excentricidad y estilo de vida se vio sometida al escrutinio social. Utilizando un recurso literario propio del country, al final se descubre que es la propia Taylor quien ahora vive en la mansión de Harkness, y ya no se sabe quién es verdaderamente la protagonista de la canción. «This is me trying» es otro intento de abstracción, en el que el personaje principal lucha contra la adicción en un esfuerzo constante (‹They told me all my cages where mental/ So I got wasted like all my potential›), que no siempre tiene una recompensa (‹I was so ahead of the curve/that the curve became a sphere›). «Epiphany», por su parte, versa sobre una experiencia tan traumática que no es posible volver a hablar de ella. Esta canción se convirtió en un homenaje a los sanitarios durante la pandemia. No podemos dejar de mencionar, en cuanto a personajes se refiere, el triángulo amoroso entre Betty, «Augustine» y James. En «Cardigan» encontramos la perspectiva de Betty, que es consciente de la situación y expresa dolor y pérdida. «August» es la narración desde el punto de vista del otro personaje femenino, habla de recuerdos y de una esperanza casi infantil, de algo que es bueno pero que no es posible (‹So much for summer love and saying «us»/Cause you weren›t mine to lose›). Por último, «Betty» es la disculpa de un adolescente arrepentido, una canción que recomiendo escuchar con atención porque es fascinante la manera en que se entretejen las perspectivas de todos los personajes y la historia cobra sentido.

La autoreferencialidad no está completamente extinta en este álbum. «Mirrorball» es una alegoría al escrutinio permanente de la vida de los personajes públicos y las celebridades que, cuanto más se rompen, más luz reflejan. La pista adicional «The Lakes» es una balada introspectiva en la que la autora expresa un deseo de escape, de retiro, aludiendo al poeta William Wordsworth. «Mad Woman» habla de culpabilización y de rabia femenina (‘No one likes a mad woman/You made her like that’), y la autora admite la cercanía de este tema a su propia situación en la industria discográfica: ‘It's obvious that wanting me dead/ Has really brought you two together’.

Folklore cuenta con una lírica sutil e introspectiva que habla de duda y de amor, de pérdida y desencanto, con referencias constantes a la naturaleza que nos trasladan no sólo a un estado anímico, sino también físico y visual. Considero que no es la primera vez que Taylor Swift presenta un trabajo con una producción y una estética tan cuidadas, sin embargo, las reseñas de éste álbum que encontramos en los principales medios de comunicación de la industria musical parecen sugerir un cambio de rumbo y calidad radicales con respecto a sus otros álbumes, narrativa a la que parece sumarse también la propia Taylor Swift. Continúa existiendo un discurso que deslegitima la música pop, y si bien no podemos negar la aceptación y el éxito que esta artista ya tenía antes de *Folklore*, sin duda con este álbum su música comienza a ser calificada como «seria». Creo que la fama de Taylor Swift, al igual que la de muchas de las artistas pop, siempre va acompañada de «porqués»: ¿Por qué es tan famosa? ¿Por qué a la gente le gusta tanto? ¿Por qué si su música es tan simple tiene tanto éxito? ¿Será que tiene éxito porque precisamente es muy simple? Hay una necesidad de explicar el fenómeno sin tener muchas ganas de verdaderamente conocer el fenómeno. A diferencia de lo que pasó con el rock hace unas décadas, no son las fans las que hacen reseñas y hablan públicamente de sus gustos musicales. Ser «swiftie» es algo muy estigmatizado, por lo que el debate ha quedado cerrado al espacio seguro que proporciona esta comunidad. Considero, no obstante, que cada vez es mayor el reconocimiento de Taylor Swift fuera de su comunidad de fans, así como del pop y las artistas femeninas en general, y sin duda propuestas como *Folklore* y la manera en la que se ha presentado y comercializado contribuye a proporcionar un mayor alcance a la música de la cantautora estadounidense.

Sobre fiestas y festivales:
El XXXII Festival Internacional en el Camino de Santiago

Héctor Montón Julve

Numinis Revista de Filosofía (UAM)

El verano es una época de festivales, un periodo en que la música se convierte en un motivo o una excusa para reunirse y festejar la vida. Durante este tiempo, podemos aparcar las preocupaciones cotidianas y volcarnos en el ocio y el disfrute. Descubrir nuevos lugares, conocer gente variada, abrir la mente a otras culturas musicales... Quién no ha ido alguna vez a un festival, aunque haya sido para ver un solo concierto, y se ha contagiado de ese ambiente liviano y risueño, de ese espíritu que despierta la comunión de tantas personas unidas por un mismo interés. Aunque más allá de los festivales multitudinarios que se nos pueden venir a la cabeza (aquellos que están cada vez más masificados y rendidos a los intereses comerciales), existen muchos otros que se proponen experimentar la fiesta de formas diferentes.

Buen ejemplo de ello es el Festival Internacional en el Camino de Santiago (FICS), que en este 2023 celebra nada menos que su trigésima segunda edición. Una actividad organizada por la Diputación de Huesca que se ha extendido durante todo este mes de agosto por diversas localidades del Alto Aragón, principalmente de la Comarca de la Jacetania. El FICS lleva décadas comprometido con la recuperación y la preservación de nuestro patrimonio musical, en especial de las músicas comprendidas entre la Edad Media y el Barroco y vinculadas a la península ibérica. Un festival que no solo nos permite conocer épocas pretéritas, sino también lugares fascinantes, como son los pueblos cercanos al Pirineo aragonés. Y este año su programa se vertebra, precisamente, en torno al concepto de lo festivo, dado que ha coincidido con la exposición *Signos. Patrimonio de la fiesta y la música en Huesca: siglos XII-XVIII*.

¿Cómo eran las fiestas en el pasado? ¿Qué música se tocaba entonces? ¿Cómo se bailaba? Estas son algunas de las preguntas a las que han tratado de responder los conciertos de este año. Un recorrido por músicas festivas de época medieval, renacentista y barroca que ha requerido una profunda investigación musicológica en archivos como los de la catedral de Jaca, la de Huesca o la de Barbastro. El concierto del 28 de julio a cargo de la Capella de Ministrers, por ejemplo, supuso la recuperación y la transcripción del manuscrito del *Canto de la Sibila*, una composición que solía interpretarse en la víspera de Navidad, durante la misa del gallo. Este trabajo fue llevado a cabo por Carles Magraner (director de la agrupación) y la catedrática en musicología Maricarmen Gómez Muntané. De modo similar, Eduardo López Banzo, director de Al Ayre Español, rescató muchos de los villancicos que se encontraban en la catedral de Jaca para su representación el 19 de agosto. Y no menos importante es el estudio que hizo el grupo Chiavette, con Javier Ares a la cabeza, del repertorio que se habría oído durante la Feria de Nuestra Señora de la Candelera para su concierto en Barbastro el 30 de julio.

Además de estos trabajos de investigación y preservación patrimonial, también está la reconstrucción de las músicas y danzas medievales de los peregrinos del Camino de Santiago que hizo el sexteto de Luis Delgado el 12 de agosto. O el programa que tocó la Capella de Ministrers en el monasterio de Sijena el 29 de julio, recreando lo que hubiera sido la Semana Santa de las monjas de Sixena. O la interpretación que hizo el grupo Ilerda Antiqua de las composiciones vivaldianas del Petre Rosso para ilustrar cómo habría sonado en otro tiempo el carnaval de Venecia. En definitiva, un conjunto de magníficas actuaciones que devolvió a la vida a muchas obras olvidadas, y que lo hizo en su mayoría en los lugares donde fueron concebidas.

Pero el FICS no solo se ha ocupado de recuperar composiciones antiguas, también ha querido darles un enfoque novedoso y multidisciplinar que ha permitido conectar con el público y el contexto actual. Buen ejemplo de ello es el concierto del 5 de agosto que se celebró en la Ciudadela de Jaca, donde el grupo L'Hostel Dieu se encargó de fusionar la estética barroca con tendencias urbanas como el *beatbox* o el hip-hop dance. Igualmente, Les Sacqueboutiers de Toulouse traspasaron fronteras musicales el 3 de agosto en Hecho con su espectáculo *Vita Bella*, en el que mezclan la improvisación, la música tradicional y la música antigua de diversas regiones de España, el Mediterráneo, los Balcanes y hasta Japón. Otra propuesta interesante es la que tuvo lugar el 13 de agosto en Canfranc Estación, donde el actor Pepe Viyuela se dedicó a recitar poemas de Santa Teresa, San Juan de la Cruz y Garcilaso de la Vega acompañado de la música de la Capilla Jerónimo de Carrión.

Estas y otras muchas actuaciones han confeccionado un programa rico y diverso que ha dado a conocer la música y los bailes de distintas festividades. Y todo ello aderezado con actividades de lo más variado, como conferencias, proyecciones de cine, excursiones o mercados medievales. Una cita ineludible para los amantes de la música antigua, pero también para todos aquellos que se atreven a acercarse a la cultura desde un prisma diferente, con curiosidad y sin prejuicios. En esta época de festivales, donde proliferan los espectáculos masificados que buscan ganar a toda costa el mayor rédito económico, todavía quedan eventos como

el FICS que se proponen recuperar y mostrar desde nuevas estrategias comunicativas el legado histórico de nuestra
extensa cultura.

X

Saray Rodríguez Pérez

Universidad de Vigo

De los creadores de quitarse la corbata para ahorrar energía, llega a nuestros hogares el carnet digital para limitar el acceso a menores al contenido pornográfico. El reciente anuncio del Gobierno español sobre la implementación de un «carnet digital» para acceder a páginas de contenido para adultos ha generado una ola de debate. Esta medida, diseñada para restringir el acceso de menores a contenido pornográfico, ha sido recibida con escepticismo por muchos, que cuestionan tanto su viabilidad como sus implicaciones para la educación sexual y la privacidad. Desde mi perspectiva, esta iniciativa no solo parece poco factible, sino que obvia la responsabilidad expresa que tienen los progenitores respecto a sus hijos y la urgente necesidad de implantar una educación sexual adecuada que enseñe que por ser de sexo masculino no se es un verdugo y que por ser de sexo femenino no se es siempre una víctima.

El nuevo sistema de verificación de edad, que requiere el uso de un «carnet digital» y la verificación con DNI electrónico, pretende limitar el acceso a contenido pornográfico a menores. Sin embargo, este enfoque parece más una medida simbólica y partidista que una solución efectiva. Es evidente la intención del actual gobierno de regular todo lo relacionado con la sexualidad: ley sobre el consentimiento, ley sobre la identidad de género, ley para abolir la actividad de la prostitución... y ahora una ley para restringir el acceso a contenido sexual explícito. No juzgo la intención, sino la forma de materializarla y los constantes errores que el gobierno parece no corregir en cada una de las leyes que propone.

Sin entrar en la evidente falta de practicidad de esta medida, se olvida que prohibir solo aumenta el deseo. Al niño o niña en cuestión hay que decirle que el contenido que pretende ver no puede hacerlo porque aún es joven, pero no porque lo que allí se reproduce sea bueno o malo. Nadie tiene derecho a opinar sobre ello porque, como algunos lectores deben saber, en el derecho penal rige el principio de exclusiva protección de los bienes jurídicos y gracias a esto se despenalizaron ciertas conductas y actividades sexuales. Lo que se reproduce en el contenido pornográfico no es delictivo, simplemente, el menor no va a saber diferenciarlo. No lo digo yo, lo dicen los actores y actrices que graban el contenido. Todo lo que allí pasa es ficción. Nadie tiene que fijarse en las conductas que allí se reproducen, y si se hace, siempre debe ser con el consentimiento de la otra parte. Las filias sexuales de cada persona es algo que nadie, ni el derecho, tiene facultad de juzgar salvo que se cometa un delito.

Tener sexo, grabarlo y subirlo a determinadas plataformas no es delito y está para que cada uno disfrute de su sexualidad libre y plenamente. Se graba con consentimiento de los actores, quienes se someten a controles constantes para evitar las ITS y además reciben pago por hacerlo, porque no deja de ser un trabajo. En las charlas de educación sexual no hay que explicar solamente que el porno puede crear, si se diera el caso, potenciales agresores sexuales. Hay que explicar que es para lo que es y que es todo ficción y que eso la mayor parte de las veces no pasa en la realidad, pero eso no implica que alcanzada una edad no se pueda consumir libremente.

No hablemos entonces de la posible recopilación y manejo de datos personales para emitir y controlar estas credenciales porque de esta forma nadie querría consumir este contenido y las páginas que lo publican perderían dinero. Porque debemos decir que solo se aplicaría a las empresas con sede en España y todos sabemos lo que va a pasar: fuga de cerebros y de más cosas.

En lugar de imponer restricciones que pueden ser fácilmente sorteadas, deberíamos centrarnos en educar a los jóvenes sobre la sexualidad de manera abierta y responsable, pero parece que aquí los padres no existen ni se les espera. Un padre debe decirle a su hijo que cuando sea mayor podrá consumir ese contenido si quiere y lo desea, porque no hay una obligación y no todo el mundo consume este contenido. Y quien lo haga, mientras no hiera a otro, es totalmente lícito. El problema se crea, entre otros, porque sigue existiendo un tabú con la pornografía. La pornografía es una performance y no una guía de actividad sexual en la vida real, pero cualquiera es libre de practicar esas actividades sexuales con consentimiento.

El verdadero cambio viene de educar a los jóvenes y a los padres sobre cómo abordar la pornografía y otros temas sexuales con una perspectiva crítica y bien informada. La educación sexual adecuada puede ofrecer las herramientas necesarias para que los jóvenes comprendan y naveguen por el contenido que encuentran en línea, reduciendo así los posibles riesgos asociados con su consumo.

Hay una canción del álbum *Sorry I'm Late* de la cantante británica Mae Muller que se titula «Porn Lied to Us». Y no es verdad, el porno no miente a nadie, los actores y las actrices avisan que todo lo que se ve allí es ficción. El porno no miente a nadie, somos nosotros los que nos mentimos con lo que el porno nos enseña. No hay que poner límites tecnológicos que cualquiera podría sortear, sino contarles la verdad a nuestros hijos, que todavía carecen

de la madurez suficiente para tener el discernimiento necesario sobre lo que están viendo. Porque esa es la verdad,
de lo contrario, jamás estarían bajo la tutela de nadie hasta
cumplir la mayoría de edad.

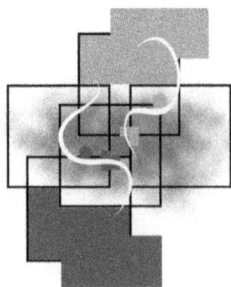

CONTENIDO EXTRA: ENTREVISTAS

«El libro sobre la mesa, le abro las alas y vuelo»: Entrevista a Michael Thallium sobre Filosofía y Literatura

Ayoze González Padilla

Numinis Revista de Filosofía (UAM)

Introducción

Conocí a Michael en la Universidad Autónoma de Madrid, mientras yo realizaba unas prácticas laborales en el Centro Superior de Investigación y Promoción de la Música (CSIPM), y él trabajaba allí como responsable de comunicación. Aunque no fue el tutor que me asignaron para mis prácticas, sin embargo, podría decirse que en realidad sí que lo fue, ya que pronto empezamos a tener una interacción fluida y de confianza. Uno de los motivos que lo propició fue el interés de ambos por la filosofía y la literatura. Recuerdo que en ese momento yo estaba escribiendo un libro sobre filosofía de la música, y al comentárselo, empezó a recomendarme una gran cantidad de autores y obras de los que muchos ni siquiera había escuchado hablar en mis estudios universitarios.

Algunos de esos autores son Juan David García Bacca, George Santayana, Andrés Trapiello, Fernando Lázaro Carreter, Pedro Salinas, Clara Campoamor, Juan Rulfo y un largo etcétera. Recuerdo que con mucha ilusión compré muchos de los libros que me recomendó y aún en la actualidad sigo volviendo a ellos. Cabe destacar el libro *Filosofía de la música* de Juan David García Bacca, obra compleja que espero en algún momento poder indagar de forma más profunda. También recuerdo su insistencia en reivindicar la figura del filósofo español George Santayana, que es un gran desconocido en España, aunque su literatura poco a poco va siendo más conocida y traducida, ya que escribió su obra en inglés. En este sentido, recientemente Michael me regaló el libro de Santayana *Platonismo y vida espiritual* que espero leer pronto.

De este modo, entre Michael y yo se ha ido fraguando poco a poco una amistad, cuyo nexo de unión principal es el interés de ambos por la literatura, la escritura y la filosofía, aunque no son los únicos. A este respecto, he querido hacerle una pequeña entrevista con la finalidad de plasmar en negro sobre blanco muchas de las conversaciones que durante este tiempo hemos podido tener, o simplemente concretar algunas de las reflexiones que leyendo sus textos me han ido surgiendo. Así, sirva lo que viene a continuación como una breve aportación sobre la relación entre filosofía y literatura, que espero además sirva como propedéutica a un libro en el que llevamos tiempo trabajando y que habíamos postergado, que precisamente aborda en forma de conversación muchos de los asuntos que aquí aparecen. Espero que sea de interés.

Entrevista

AG: Ayoze González
MT: Michael Thallium

AG: Cuando leo tus textos, no en todos, pero sí en muchos de ellos, suelo encontrar un tipo de literatura que es en movimiento. Esto me recuerda a los peripatéticos, que, como sabes, son los seguidores de la escuela filosófica fundada por Aristóteles en el siglo IV a. C. en Atenas, conocida como el Liceo. Así, el término «peripatético» proviene del griego «peripatos», que significa «paseo» o «paseo cubierto», en referencia a la costumbre de Aristóteles de enseñar y discutir filosofía mientras caminaba con sus alumnos por los jardines del Liceo. Aunque no del mismo modo, esto lo podemos encontrar mismamente en el texto «Y me tomaste del brazo» que aparece en tu libro *Dos años de Numinis*

con Michael Thallium: En la brega de la vida y la lite-
ratura, **donde, para hablar sobre la poesía de José**
Mateos, lo haces a través de tu experiencia en movi-
miento, entendiendo que, seguramente, ese texto lo
fuiste pensando y escribiendo en tu mente mientras
te movías. Me gustaría que comentaras lo que consi-
deres en este sentido, ya que, además, es un aspecto
que relaciona filosofía y literatura.

MT: Efectivamente, así es. Muchos de los textos que
termino escribiendo en papel antes se han concebido caminando. Otras veces, no pocas, surgen al enfrentarme a la
hoja en blanco o a la pantalla del ordenador. En concreto,
ese texto que mencionas, «Y me tomaste del brazo», surgió
literalmente caminando con mi padre para ir a desayunar.
Recuerdo que, mientras caminábamos, me venían a la cabeza algunas ideas sobre la antología de los poemas de
José Mateos que acababa de leer: *Los nombres que te he dado*.
Volviendo a lo que dices del movimiento, es cierto que a
lo largo de mi vida es algo que he hecho mucho: salir a
caminar. Es durante esas caminatas cuando surgen ideas
que más tarde acierto o no a plasmar en un texto. Muy
conocidos son los paseos de Beethoven o las caminatas de
Gustav Mahler por las montañas austriacas en busca de inspiración. No es que busque la inspiración caminando, pero
de algún modo me topo con ella en el camino. Después

llega la parte laboriosa de ejecutarla... y esa parte es tan importante, más incluso, que la de encontrar la inspiración. Hasta hace bien poco, solía acompañarme de un cuaderno para escribir según se me ocurriesen las ideas. Hace un año o así que dejé de hacerlo habitualmente. Quizás porque el ordenador ha ido sustituyendo al papel. Justo estos días, quiero retomarlo. Conectarme más con el papel y la caligrafía y desconectarme de lo digital. Uno pasa por muchas fases a lo largo de la vida. Actualmente, a mis cincuentaidós años recién cumplidos, considero que la literatura es el mejor modo de hacer filosofía. He leído mucho ensayo en mi vida y me encanta hacerlo, pero he llegado a la conclusión de que la literatura (la narración, el cuento, la novela) me permite explicar mejor aquello de filosófico que puedan tener mis ideas. Todo está relacionado con otra conclusión a la que llegué hace cuatro o cinco años: «Una historia verídica no es posible sino en la más estricta ficción».

AG: En una comida que tuvimos ambos hace tiempo con el escritor José Antonio Abella, recuerdo que, hablando sobre su literatura, él dijo que entre las personas que conocían profundamente su obra estaban su mujer, la otra persona no la recuerdo, y el tercero te mencionó a ti. Además, lamentablemente el escritor ha fallecido recientemente, así

que me gustaría, si puede ser, que hablaras lo que consideres sobre su literatura, por ejemplo: ¿qué tipo de literatura escribió? ¿cuáles son las obras que más te han calado y de qué manera ha influenciado su literatura en la tuya?

MT: Esa persona que no recuerdas es el escritor y narrador oral Ignacio Sanz. Ignacio ha leído los originales de José Antonio Abella antes de que se publicaran. Fue precisamente él quien me presentó a José Antonio Abella, a cuya vida llegué cuando él ya estaba de salida, quiero decir que yo ya lo conocí cuando tenía cáncer, aunque pensábamos que duraría más tiempo. En muy poco tiempo llegó a ser como un hermano mayor para mí. Tuve la suerte inmensa de conocerlo, de pasar tiempo con él y de leer casi todos sus libros —me faltan los póstumos que aún están por publicar— mientras estuvo vivo. Si hay algo que puedo decir de Abella es que fue un hombre muy coherente y muy afortunado. Una persona concienzuda, pertinaz o cabezota, muy castellano, detallista, con una grandísima sensibilidad, un escritor enorme y muy, muy generoso. Cuando murió, se me quedó un gran vacío, pero fue solo algo momentáneo, porque ese vació lo llenó la suerte de haberlo conocido. Esa sensación de tristeza enseguida se transformó en un sentimiento de gratitud plena por todo lo que pudimos compartir en dos años. Su literatura es variada. Sus obras más conocidas son *Aquel mar que nunca vimos*, *El corazón del cíclope* o *La sonrisa robada*. Para quienes hemos leído su obra, *Trampas de niebla* es una excelente novela que anticipa *El corazón del cíclope*. Su primera novela, *Yuda*, es un ejemplo donde se combina la buena escritura con la buena edición. Quienes logren hacerse con un ejemplar de ella entenderán por qué lo digo. Abella tocó casi todos los palos: literatura juvenil, poesía, narrativa... Una característica que subyace en todos sus libros es su enorme capacidad de investigación y documentación. No obstante, fue médico rural durante muchos años. La mayoría de sus novelas son producto de un abrumador trabajo de investigación. Paradigmas de esa capacidad investigadora y documental son *La sonrisa robada* y *Aquel mar que nunca vimos*. A quienes deseen introducirse en la literatura de José Antonio Abella, les diría que empezasen con *El hombre pez*, una novela inspirada en una leyenda cántabra, o quizás también *La llanura celeste* que, por cierto, dentro de poco va a reeditarse con correcciones y ampliaciones que José Antonio Abella hizo durante las últimas semanas de vida. Su obra es un ejemplo de coherencia.

AG: Otro asunto fundamental que me gustaría hablar contigo es el el modo de acercarnos a la literatura, es decir, cuando uno está dentro del mundo filosófico y literario, acercarse a la buena literatura

puede ser más fácil, ya que, uno tiene un bagaje y sabe qué autores pueden ser más relevantes, cuáles son los que, aun no siendo especialmente conocidos, tienen una obra importante, o simplemente los que más interesan a nivel personal, donde dicho gusto está forjado en base a un criterio. Entonces, dado que tú eres algo así como un explorador y descubridor de literatura, ya que estás continuamente encontrando y rescatando autores, me gustaría que dieras algunas recomendaciones literarias, como a mí me las diste en su momento, sobre qué leer cuando uno está empezando, intentando también esquivar a los autores *mainstream*.

MT: Hasta hace bien poco, a mí me ocurría una cosa extraordinaria: mi modesta biblioteca estaba llena de literatura de muertos. Me refiero a que casi todos los libros eran de autores muertos hace muchos años. Había dos excepciones: Andrés Trapiello y Juan Bonilla. Leyendo a Trapiello y Bonilla descubrí a otros muchos autores. Sin embargo, la búsqueda de autores contemporáneos vivos, eso que llamamos literatura actual, ha sido más bien reciente en mi vida. Y sigo pensando que la literatura de mayor calidad se ha escrito hace muchos años. Hoy hay muy buenos autores, sí, pero poquísimos en relación con la enorme cantidad de libros que se publican. Salvo poquísimas excepciones, considero que los mejores autores actuales se encuentran en las pequeñas editoriales. Las grandes editoriales son para las masas y el comercio. Todo tiene cabida. Yo prefiero esas editoriales en las que uno puede descubrir a grandes autores, poco conocidos para el gran público, pero de una calidad indiscutiblemente superior a la de los números uno de ventas. En los últimos años he descubierto a autores vivos como José Antonio Abella (recientemente fallecido), Ignacio Sanz, Jesús Carazo, Tomás Sánchez Santiago, Ramón García Mateos, Emilio Pascual, José Mateos, Gonzalo Hidalgo Bayal... El único consejo que puedo dar para leer buena literatura es leer mucho y seleccionar. Los buenos autores suelen llevarte a otros igualmente buenos y esos a otros... Normalmente, suele ocurrir que casi ninguno de ellos es famoso. Para tirar del hilo de la buena literatura española recomiendo la lectura de *Las armas y las letras* de Andrés Trapiello. Por otra parte, he de decir que uno siempre termina encontrando algo nuevo con lo que alimentar el alma. Muchas veces me he dicho: «después de leer este libro, ya no encontraré nada mejor». Sin embargo, uno termina casi siempre encontrando ese libro que mantiene la llama viva de la lectura y de la sorpresa.

AG: Hace tiempo me comentaste que habías escrito una novela completa a mano, tu primera novela, y que, aunque no conservas el manuscrito ori-

**ginal, sí que la tienes digitalizada. No sé si te ape-
tecería contar una pequeña sinopsis de la novela,
ya que, me pareció divertida, y que además guarda
cierta relación con tu primera novela publicada *Que
creí inmortal hasta que me morí*, y así, si por lo que
sea nunca la publicas, al menos quedaría por escrito algo sobre ella.**

MT: Esa novela en principio iba a ser un ensayo filosófico titulado *Tratado de la conveniencia*. Sin embargo,
cuando me senté a escribirla —y sí, la escribí con pluma y
en papel—, me salió una novela corta e inédita que titulé
Tierras afines o los principios de la conveniencia. Cada uno de
los capítulos se correspondía con cada uno de los principios que eventualmente conformarían el *Tratado*. Ciertamente, tienes razón cuando dices que guarda relación con
Me creí inmortal hasta que me morí, pero *Tierras afines* tiene
un lenguaje más barroco con el que hoy no me identifico.
Recuerdo que para uno de los capítulos en los que se co-
mente un crimen contra una mujer ciega, me encerré en
una habitación completamente a oscuras para saber cómo
se siente un ciego. Lo titulé *Tierras afines* porque cada uno
de nosotros somos como una tierra, como un terreno, y
nuestras relaciones, nuestras vidas, son el resultado de afi-
nidades de las que muchas veces no somos ni conscientes.
El argumento es sencillo, un grupo de amigos vuelve a

reunirse después de muchos años e ignoran que sus vidas y lo que las circunda están influidas, sin ser conscientes de ello, por un personaje que muere al comienzo de la novela y que está ausente en toda ella, siendo en realidad el protagonista. Con toda esa red de coincidencias con las que se tejen nuestras vidas se forma eso que denominamos conveniencia. Esa novela no fue un mal ejercicio literario. Quizás algún día vuelva a trabajar sobre la copia que transcribí al ordenador, pero lo más probable es que se quede donde está y que se diluya en otros textos que estén por llegar.

AG: En relación con lo que comentas sobre el proceso de escritura y el medio en el que un autor escribe, ya has señalado que quieres retomar la escritura a pluma, pero me gustaría saber qué piensas respecto al tipo de texto que se escribe a mano o a ordenador, es decir, ¿hay una diferencia meramente práctica o también de contenido y, por tanto, de calidad? En mi caso, por ejemplo, escribo poesía y ensayo literario con pluma y los textos de investigación, relatos, etc., los suelo escribir en el ordenador. A veces he pensado que los mejores textos que he escrito son los manuscritos, pero otras veces lo he creído al revés. Entonces, entendiendo que al fin y al cabo se trata de una práctica en donde cada autor va utilizando sus propios métodos que le son más

útiles, me gustaría saber si esto a lo que me refiero podría tener algo que ver con lo que refieres tú respecto a que la mejor literatura proviene de autores ya muertos, que, por supuesto, habrán escrito todos o casi todos sus textos a mano.

MT: Interesante la reflexión que planteas. ¿Escribían mejor los autores que no tenían ordenador y ni siquiera máquina de escribir? No sabría qué responder. Quizás estos autores hubieran agradecido tener los recursos de los que disponemos hoy tú y yo. No obstante, intuyo que escribir a mano desnuda, con lápiz y papel, hace que quien escriba esté más pegado a la naturaleza del ser humano. Haciendo un símil es como caminar en la ciudad o caminar en el campo. Quien escribe al ordenador, camina por la ciudad, y es también enriquecedor, porque descubre una suerte de objetos (edificios, vehículos, calles, monumentos...) y realidades que han construido otros seres humanos. En cambio, cuando uno camina por el campo, lo que descubre son objetos (árboles, rocas, montañas, ríos, mares...) y realidades que han sido creadas por a saber quién, pero que están ahí y su naturaleza es muy distinta a la de los elementos de la ciudad. El escritor de ordenador es el caminante de ciudad; el escritor a mano, explorador de la naturaleza. Para mí el ordenador es mucho más cómodo si uno escribe ensayo o textos de investigación, porque uno puede conectarse casi de inmediato con fuentes de las que extraer información. Cuando uno carece de esas fuentes, cuando camina a la intemperie por el campo, no le queda más remedio que nutrirse de sí mismo, del conocimiento acumulado en la mente durante los años, y de lo que le rodea en ese instante. Quizás escribir a mano sea mucho más subjetivo. Sin embargo, quizás en la combinación de ambos modos de escribir esté la virtud. Haciendo un guiño a Aristóteles, quizás la virtud literaria esté en la mitad del camino. La gran ventaja del ordenador es que uno puede borrar y escribir y volver a borrar y escribir sin hacer tachones; en el papel, o tachas o tienes las ideas tan claras que fluyen con pulcritud.

AG: Además de hacer literatura en movimiento, otro asunto que veo de forma general en tus textos es la relación entre la vida y la muerte. Incluso me atrevería a decir que esos son los dos temas principales en torno a lo que escribes. En este sentido, esa relación entre vida y muerte aparece casi como una misma cosa, fruto de ello es *Me creí inmortal hasta que morí*, donde el personaje principal, que eres tú, está muerto, pero a la vez está vivo. Es decir, vivo tras la muerte. Y en tu otra novela no publicada que has mencionado: *Tierras afines o los principios de la conveniencia*, el personaje prin-

cipal también muere, pero está presente en toda la historia. Además de esto, en tu libro *Dos años de Numinis* hay varios textos dedicados también a la muerte, pero donde es un tipo de muerte que también de algún modo deviene en vida. Cabe resaltar aquí el texto titulado «Te pido permiso» que es una magistral carta de despedida a una persona que se va a morir, pero donde no se atisba un final, sino un nuevo comienzo, o al menos así lo he interpretado yo. Dicho esto, ¿coincides con lo que menciono o qué podrías señalar al respecto?

MT: Eres muy perspicaz. Sí, estoy de acuerdo con eso que dices respecto a «Te pido permiso». Este es un texto que escribí para José Antonio Abella antes de que falleciera, para que él lo pudiese leer. Una vez muerto, de nada serviría escribirlo. Quien realmente me importaba, él, tendría que conocerlo antes de morir. Y así fue. Lo leyó. Por eso no he escrito ningún eulogio sobre Abella después de muerto. Lo que tenía que decirle, se lo dije en vida. Si es verdad que estoy escribiendo una novela en la que él es uno de los protagonistas, pero esa novela la comencé cuando él estaba vivo, y ya veremos si la doy por concluida en algún momento. Por otro lado, la vida y la muerte son temas recurrentes en la filosofía. Entre la vida y la muerte ocurre eso que llamamos amor (otro tema recurrente en la literatura de todos los tiempos). Así que es probable que cuando escribo sobre la vida o la muerte el tema subyacente sea el amor, ausente como el protagonista de *Tierras afines*, pero muy presente, impregnándolo todo. De hecho, mi otra novela, *Me creí inmortal hasta que me morí*, es el relato de la búsqueda del amor del protagonista que transciende la vida y la muerte. Es la búsqueda del amor en «la infinitud sensual del cosmos», ese estado en el que se encuentra inmerso el protagonista. La vida es frágil. Ahora tú y yo estamos conversando, y probablemente lo sigamos haciendo mañana, pero nadie puede garantizarlo, porque pueden ocurrir muchas cosas, entre otras, la muerte. ¿Qué nos queda? Las palabras y vivencias compartidas. Me gusta ver la muerte como un canto a la vida. Claro, estoy hablando de una muerte no violenta. El tema de la muerte violenta (las guerras, los asesinatos, los abusos de poder...) eso es harina de otro costal.

AG: Dentro de tu labor como escritor es importante también señalar tu faceta de crítico musical, ya que es algo que ejerces de forma frecuente en la revista *Scherzo*, donde, además, viajas a otros países para realizar las críticas de algunos conciertos. Así, me gustaría saber de qué forma te relacionas con este tipo de escritura, qué debe tener una

buena crítica musical y cuál crees que es el lugar del crítico de arte en la actualidad.

MT: Es muy interesante hacer crítica musical. Uno tiene su estilo propio y ha de encajarlo en la línea editorial de la revista con la que colabora. Encontrar el equilibrio entre lo que uno quiere escribir y lo que la revista quiere que uno escriba a veces no es fácil. No obstante, si hay algo que he aprendido de mi colaboración con *Scherzo* es la síntesis. Uno tiende a «enrollarse». Cuando tienes un espacio limitado, no te queda más remedio que eliminar lo superfluo. Por ejemplo, para ciertas reseñas musicales el espacio al que has de ceñirte son 1.830 caracteres con espacio. De ello hablo también en *Me creí inmortal hasta que me morí*. Cuando escribo crítica musical, procuro hacerlo de un modo literario y no erudito, me dirijo a un público que, por ejemplo, no tiene por qué saber qué es una hemiola y los efectos que se pueden conseguir con ella. Huyo de la erudición técnica. No obstante, el público de *Scherzo* es un público especializado en música clásica. Sin embargo, intuyo que el nivel cultural de los lectores ha bajado en los últimos treinta años. Lo mismo ocurre con la crítica literaria o del arte. Hace muchos años, la opinión de un crítico, por su prestigio y preparación, contaba mucho. Actualmente, eso no es así. Cuenta más lo que un «famoso» pueda decir que lo que un especialista diga. Y, de algún modo, eso está bien así también. Tengo claro que hay ciertas cosas que son, han sido y serán de minorías. Uno elige dónde estar.

AG: Finalmente, me gustaría concluir esta entrevista de una forma quizás más rítmica. Para ello, te voy a pedir que escribas, por un lado, algunos pocos versos de uno de esos poemas que más te hayan extasiado, y que hagas lo mismo con el texto de una canción. Me gustaría, si puede ser, que previo a ello dedicaras algunas pocas líneas a la relación que tiene la música y la poesía para ti.

MT: Decía Gerardo Diego que los músicos ganaron la batalla a los poetas, que la música llega allí adonde la poesía no puede. Para no pecar de falta de memoria, permítame transcribirte lo que Gerardo Diego escribió al respecto allá por 1938 en un texto que tituló *La noche y la música*: «Porque los poetas pudieron llegar antes, pero los músicos llegaron después y los vencieron con sus propias armas. Hay más poesía en un adagio de Beethoven que en una escena de Shakespeare, Schumann vence a Hoffmann o a Heine, como Fauré a Verlaine o Debussy a Mallarmé. Y es que la música juega con ventaja». La poesía de Gerardo Diego, la mayoría de veces, parte de lo musical. Fue también un crítico musical excelente, extraordinario, sobresaliente; y además lo fue en una época, primera mitad del siglo XX, en la que no existía internet ni los ordenadores, es decir, que tenía que tirar de conocimiento y experiencias propias y de memoria para reseñar los conciertos a los que asistía. Opino que la música y la poesía están íntimamente relacionadas en tanto y cuando expresan o evocan emociones. Quien quiera leer buena crítica musical que lea todas las que escribió Gerardo Diego en *Prosa musical* y *Pensamiento musical*. Yo diría que es el poeta español que más ha abordado la música en sus poemas. Confieso que soy una persona musical, auditiva y quizás en mi vida hasta ahora haya preponderado la música sobre cualquier otra disciplina. Sin embargo, a estas alturas de mi vida, reconozco que la poesía es mucho más asequible que la música en el sentido que uno no necesita ningún instrumento más que la palabra para interpretarla. La música requiere un esfuerzo y preparación mayor, que no siempre está al alcance de todo el mundo. Solo el canto está íntimamente ligado a la poesía. La música instrumental va más allá que la poesía, pero también requiere más preparación y entrenamiento (dedicación) para ejecutarla e interpretarla.

Respecto a lo que me pides de que escriba algunos versos que me hayan extasiado, de memoria solo puedo recordar —y menudo recuerdo porque el verso es todo un poema en sí mismo— uno de Miguel d'Ors que me conmovió por su hondo sentido. Es un endecasílabo que lleva por título *Permanencia*: «Se fue, pero qué forma de quedarse».

Otros que recuerdo ligados a la música son versos en otros idiomas como el inglés o el alemán. Durante muchos años me marcó mucho la letra de *Somebody to love,* una canción que compuso Freddie Mercury allá por 1976 y que incluyó en el álbum *A day at the races* del grupo Queen: *Each morning I get up, I die a little. Can barely stand on my feet [...] Can anybody find me somebody to love?*[1] ¡Curioso! Si te fijas, en esa letra están los tres temas que mencioné anteriormente: vida, muerte y amor. Otro poema que tengo en la mente es uno de Heinrich Heine, en alemán. Me lo sé de memoria porque lo asocio con la canción que Robert Schumann compuso con ese poema y que incluyó en el ciclo *Amor de poeta op. 48*: *Im wunderschönen Monat Mai, als alle Knospen sprangen, da ist in meinem Herzen die Liebe aufgegangen...*[2] En mi caso, la música me hace recordar los poemas. Pocos poemas sé de memoria que no estén asociados a una melodía. Por eso admiro a personas como Emilio Pascual o Pollux Hernúñez, quienes, aparte de leer muchísimo, tienen una memoria prodigiosa. Por cierto, el poema de Heine es del amor que surge en primavera: renacer de la vida y nacimiento del amor. Como poetas actuales a quienes

---

1. «Cada mañana que me levanto, muero un poco. Apenas puedo mantenerme en pie [...] ¿Puede alguien encontrarme alguien a quien amar?». (Traducción propia).

2. «En el hermoso mes de mayo, cuando todos los capullos brotaban, el amor floreció en mi corazón...». (Traducción propia).

admiro están Miguel d'Ors, Eloy Sánchez Rosillo, Tomás Sánchez Santiago, José Mateos... Precisamente, de Mateos son estos versos dedicados a la lectura y que incluí en el texto con el que comenzó esta entrevista, «Y me tomaste del brazo»:

El libro sobre la mesa.
Le abro las alas,

y vuelo.

Sigamos volando, Ayoze. Volemos.

«No hay un cuadro más abstracto que *Las Meninas* de Velázquez»:
Una entrevista a José Jiménez

Mijaíl Oyarzabal Zabiyaka

Universidad Autónoma de Madrid

Introducción

La reflexión estética de José Jiménez está marcada por una visión de la experiencia artística que, sin perder su aspiración filosófica, apuesta por abrazar lo humano para tratar de comprender cómo nace, se transmite y se entiende el arte. Así, el filósofo emprende un viaje genealógico desde su enfoque antropológico por el desarrollo de la expresión estética y la evolución de sus conceptos desde un elemento nuclear que sirve de brújula filosófica en esta aventura: la imagen, entendida en un sentido abierto y revelador.

Esta conversación ofrece una invitación a repensar diversos conceptos que circulan en el mundo de la estética, tales como la clásica dupla de lo bello y lo sublime, mostrando las formas que han adoptado a lo largo de su historia y atendiendo a la manera en la que esta trayectoria se entrelaza con diversos planteamientos estéticos con raíz en la experiencia humana, pero cuyas ramas se extienden hasta campos tan aparentemente alejados como la ética o la educación. Con el libro de Jiménez *Imágenes del hombre. Fundamentos de Estética* como punto de referencia, la entrevista presenta un recorrido reflexivo y abierto por la historia del arte y aquellos pensamientos que la mueven y transforman desde la antigüedad clásica hasta la actualidad.

Este es un diálogo que nos alienta a recuperar la mirada humana sobre el arte, a pensar el más allá como un aquí mismo, y a acercar la reflexión estética al pensamiento antropológico, liberándola de sus márgenes y arneses tradicionales de índole metafísica, sin por ello abandonar la indagación de carácter filosófico. Si para Jiménez el conocimiento nace del intercambio razonado de ideas, esta conversación, en consonancia con esa máxima, aspira a ampliar las fronteras de nuestro pensamiento, a redescubrir la profundidad artística como interioridad y a aunar lo humano con el arte y la filosofía.

Entrevista

MO: Mijaíl Oyarzabal
JJ: José Jiménez

MO: *Imágenes del hombre* es, en una frase, un intento de fundamentar la experiencia estética desde un enfoque antropológico y filosófico, más alejado de la metafísica. ¿Cómo fue el trabajo de desarrollo de esta obra? ¿Qué camino recorre?

JJ: Para mí eso ha sido un itinerario abierto. La referencia como punto de partida fundamental es el pensamiento griego de la época clásica. O sea, qué piensa Platón, qué piensa Aristóteles y luego qué van pensando los que vienen en las escuelas de pensamiento posteriores. Todo eso luego tiene un eco, tanto a lo largo de la Edad Media, donde queda un poquito entre paréntesis, pero está presente y ya se empieza a recuperar otra vez en modo muy intenso a partir del Renacimiento. Y luego ya desde Europa eso se amplía, tanto en la relación con los países fuera de Europa, con los que se van teniendo relaciones, en muchas ocasiones relaciones de dominación, de ocupación, pero que son importantes para ampliar la experiencia del mundo.

MO: Entrando ya en el contenido de la obra, y atendiendo al segundo y al tercer capítulo del libro. Titulas al segundo «El largo brillo de la belleza», y haces una reconstrucción genealógica desde el término original griego καλόν, que une lo bello y lo

bueno. Precisamente en este punto resulta interesante, porque desde Platón, pasando por el Renacimiento, incluso en Boileau y otros autores, se sigue considerando esta unión de los trascendentales del ser, de la belleza con el bien y lo verdadero, y hablas hacia el final del capítulo de la muerte de la belleza como un fracaso del proyecto ilustrado. Con todo, salvas el término vinculándolo a las experiencias estéticas de los seres humanos. ¿Salvar la belleza en este sentido nos permite también salvar la verdad y el bien?

JJ: Yo creo que eso es fundamental. Y todo eso conduce a lo que es luego el pensamiento de Immanuel Kant y sus tres teorías críticas: La *Crítica de la Razón Pura*, la *Crítica de la Razón Práctica* y la *Crítica del Juicio Estético*. Esto es muy importante porque la *Crítica del Juicio Estético,* por un lado, amplía el ámbito de experiencia estética en todo lo que es la dimensión de la humanidad y, a la vez, se da toda la resonancia que tiene para adquirir una proximidad y un posible conocimiento de la verdad también a través de la belleza y, desde luego, de los componentes de carácter ético, que también están presentes. Entonces yo creo que luego eso tiene mucho eco en lo que son los planteamientos de las vanguardias artísticas entre finales del XIX y comienzos del siglo XX. Y a partir de ese momento los trabajos artísticos buscan, no solamente aparentar belleza, sino también que la experiencia de lo bello nos conduzca a buscar la verdad y dimensiones de comportamiento ético adecuado.

MO: ¿Crees que en las vanguardias realmente hay un planteamiento de búsqueda de la verdad? Lo digo porque justamente ocurren en un tiempo en el que parece que ha muerto la verdad o que está en descomposición.

JJ: Es que lo que hay en el concepto de verdad es un planteamiento, digamos, más determinado por los entornos culturales. Y eso es lo que a mí me interesa reivindicar como fundamentación de la teoría estética. O sea, si pensamos en la verdad como algo metafísico, como algo *hiperideal*, entonces estamos todavía en el mundo griego clásico. Pero si ya estamos en el periodo de la Ilustración y lo que va viniendo después, entonces la necesidad de la búsqueda del descubrimiento de la verdad es lo que luego permite también construir una sociedad apoyada en buenos criterios morales. Y todo eso tiene también un ámbito de transmisión estética y artística.

MO: Entiendo que te refieres a esto también cuando cierras el capítulo comentando que la be-

lleza sirve de recuerdo de la distancia entre lo que somos y lo que podemos llegar a ser, haciendo también de guía.

JJ: Sí. Algo que por ejemplo he estudiado mucho es la teoría filosófica de la utopía. Por ejemplo, en Ernst Bloch, también en Herbert Marcuse, de hecho, tengo un librito sobre Bloch y Marcuse de la estética como utopía. Últimamente se habla muy mal de las utopías, porque dicen que las utopías nos llevan a caminos cerrados. Pero eso es una equivocación. Una cosa son las dictaduras sociales, que son lamentables, y otra cosa es la voluntad de plasmar horizontes de realización de lo humano que están más allá de lo que vivimos día a día. Entonces, lo utópico es algo que tiene un eco muy profundo en el arte del siglo XIX y del siglo XX. Ahora que ya estamos en el XXI, a veces sí y a veces no.

MO: Aquí entiendo que hay una raíz kantiana, similar a la idea de seguir persiguiendo la respuesta a las antinomias en busca de un horizonte de conocimiento.

JJ: Para mí el pensamiento de Kant es fundamental y por eso yo utilizo también el planteamiento de la teoría crítica como un elemento muy fundamental. Mi penúltimo libro publicado se llama *Crítica del mundo imagen*. Vivimos rodeados de imágenes. Pero claro, algo fundamental, y esto nos lo da muy bien la teoría estética, es distinguir con qué tipo de imágenes estamos dialogando o viviendo. Y por eso, en la *Crítica del Juicio Estético*, Kant planteaba como dimensión central la necesidad de *atreverse a saber*, de que todos los seres humanos fuéramos capaces de intentar saber y de intentar conocer. Y yo, en la *Crítica del mundo imagen*, lo que digo, en diálogo con lo que Kant planteaba, es que hoy lo que tendríamos que decir es «*diferencia la imagen*», porque no todas las imágenes son lo mismo. Hay imágenes que te hacen pensar, que te permiten cuestionar, y en cambio, hay otras que te convierten en alguien que no piensa, que simplemente se deja llevar por lo externo y por lo puramente aparente. Entonces, diferenciar la imagen es un elemento fundamental.

MO: Entrando ya en lo que es el tercer capítulo, intitulado «Lo sublime: más allá. aquí mismo», un título sugestivo sin duda. Cuando haces esta genealogía de lo sublime, a partir de aquel tratado de Pseudo Longino, dejas ver que la naturaleza de lo sublime tiene que ver con cierto asombro. Y yo aquí no puedo evitar pensar en el θαῦμα clásico, en ese *asombro* como inicio de la filosofía. ¿Crees que hay un asombro estético y otro filosófico, o son en realidad dos ramas de un mismo tronco?

JJ: Yo creo que están entrelazados. O sea, que el asombro filosófico naturalmente se centra más en un pensamiento profundo, pero que también habla con lo externo, mientras que el asombro estético es el que incluso un labrador o alguien que cultiva cosas o alguien que cuida al ganado puede sentir contemplando la montaña. Entonces, ahí hay una dimensión que es importante, porque el asombro es una vía que nos lleva a cuestionar cuál es nuestro contexto, pero ahí va también luego a decidirse: ¿y quién soy yo? Es un cuestionamiento que va hacia adentro.

MO: Comentas también, en la línea de lo sublime, que ves algo muy problemático en Kant cuando habla de lo sublime como ausencia de forma, y luego también lo ves un poco en Barrett Newman. Dices que consideras vacías teóricamente las propuestas del informalismo si pretenden realmente hacer desaparecer la forma. ¿Defiendes la idea de que toda expresión estética pasa a través de la forma?

JJ: Bueno, ten en cuenta que el libro se llama *Imágenes del hombre*. Tiene un elemento central en lo que es una imagen, el εἰκών griego, lo icónico. Entonces, claro, el problema es cómo se concibe eso. Hay un planteamiento puramente figurativo y hay un planteamiento que se ha llamado, sobre todo por la influencia de Estados Unidos, abstracción. Pero abstracción hay en todas las representaciones artísticas e incluso pues, me acuerdo que Antonio Bonet Correa cuando me oyó decir esto dijo: «¡estoy de acuerdo, estoy de acuerdo!», no hay un cuadro más abstracto que *Las Meninas* de Velázquez. Es una pintura figurativa, pero tiene un grado de abstracción profundísimo. Bueno, entonces, ¿qué es lo que esto quiere decir? Que la imagen es la elaboración de una forma que puede tener diversos criterios en ese proceso de elaboración. Puede ser un criterio figurativo, puede ser un criterio de descomposición y recomposición de los elementos que constituyen las imágenes, pero en todos esos casos hay dimensiones formales y por eso la forma, μορφή en griego antiguo, es absolutamente central para pensar todo lo que es la experiencia estética. En el fondo para mí la clave está en el concepto de imagen, pero imagen es forma.

MO: Con esa declaración sobre *Las Meninas* entiendo que manejas una noción de forma no tan ceñida a un esquema concreto figurativo, sino de algún modo como una condición de posibilidad de la experiencia estética.

JJ: Por supuesto, si es que además hay que verla en un sentido abierto: hay forma en las palabras, hay forma en el sonido, hay forma en la representación visual. Entonces, todo esto es muy importante. ¿Cómo funciona el arte actualmente? En muchas ocasiones con lo que se llama diversos soportes, de ahí la expresión arte multimedia, que significa distintos soportes mediáticos que te permiten construir formas. Entonces, lo que es importante es ser capaces de percibir la elaboración formal independientemente de los soportes que se utilizan. Por eso, no es lo mismo la teoría estética de la literatura, que la teoría estética de la música, que la teoría estética de las artes visuales, pero a la vez, entre todas ellas hay una intercomunicación, porque en todas ellas se busca la representación formal de la imagen utilizando soportes diferentes.

MO: A propósito de esto, hablando de Žižek, comentas muy brevemente que él en el arte contemporáneo considera que lo que es la basura y lo bello están cada vez más cerca, y dices que es quizá una caricatura simplista y una confusión entre el soporte material del arte y su sentido y alcance. ¿Podrías desarrollar más esto ahora?

JJ: El problema es que si se parte de una idea estándar de la forma valiosa entonces no se llega a comprender cuáles son los nuevos caminos de apertura de horizontes creativos que se van abriendo, y esto es muy importante.

Lo que hay que buscar es eso. Por este motivo para mí el artista referencial del siglo XX, que es del que he hecho mi último libro, que he llamado *El aprendiz en el sol*, es Marcel Duchamp. Yo creo que durante mucho tiempo no ha sido comprendido ¿Por qué? Porque había la consideración de que las cosas a las que él se refería eran puramente residuales. Duchamp fue alguien que desde la comprensión artística animaba a mirar el universo de imágenes, y entonces también *saber diferenciar*. Por ejemplo, ¿qué es un *readymade*? Es una cita del inglés norteamericano de Estados Unidos que quiere decir algo ya disponible, ya hecho, está hecho, pero si lo sacas de su contexto pragmático tú lo que ves es una forma. Entonces, a la famosa *Fuente*, que es un urinario de los baños públicos masculinos, en un momento determinado una amiga suya le dio el sobrenombre El Buda sentado. ¿Por qué? Porque la imagen de Buda sentado tiene un poco el mismo juego formal que la que ves en el urinario-fuente. Entonces, ¿qué es lo que plantea ahí Duchamp? La importancia de la construcción de la forma en las imágenes. Otra cosa que también plantea es el objetivo. Mientras que el diseño tiene siempre el objetivo pragmático, porque si estas sillas no estuvieran pensadas para tener un asiento y un respaldo no funcionarían, en cambio, el artista no piensa en las formas desde un punto de vista pragmático, sino desde un punto de vista de interrogación, de cuestionamiento y de apertura. Entonces, esto es lo que creo que, en un determinado momento, sobre todo en las concepciones historicistas del arte, no se tiene cuenta, y por eso hubo durante mucho tiempo bastante incomprensión acerca de cómo ha ido cambiando el arte y cómo han ido cambiando todas las artes que no son lo mismo ahora, y bueno, ya llevamos 23 años y un poco del siglo XXI, pero todavía la cosa seguirá. Ahora tenemos el gran desafío de los soportes digitales que también cuestionan mucho la experiencia que nos rodea y donde nos enfocamos.

MO: Según esto, el artista quedaría mucho más próximo al filósofo.

JJ: Por supuesto. Yo creo que en Duchamp hay dos componentes fundamentales aparte de la representación visual: por un lado, la poesía, que yo creo que es un elemento fundamental de su planteamiento; pero, por otro lado, también el pensamiento filosófico. No quiere pensar la realización de una obra artística como algo encerrado en etiquetas o en formas de procedimientos habituales, sino que quiere llegar a un cuestionamiento profundo que es la experiencia de la realidad de las cosas.

MO: Volviendo un poco a un arte más decimonónico, en esta exposición genealógica que haces de lo sublime mencionas a Schopenhauer. A mí

siempre me ha llamado la atención cuando leo su pensamiento estético porque entiende el arte como un enmudecimiento a la voluntad, y claro, yo encuentro aquí que no puede ser esto más opuesto a la idea de artista. ¿Verdaderamente la experiencia estética tiene que ver con enmudecer la voluntad?

JJ: Yo creo que Schopenhauer lo que hace es elaborar un planteamiento crítico sobre cómo se concebía el arte de una forma muy limitada y muy sometido a reglas estrictas de realización, y lo que él plantea es una interiorización de los interrogantes que es fundamental para salir adelante en la percepción de las cosas. Pero eso está solamente en el arte de la exposición.

MO: Y siguiendo a Schopenhauer encontramos a Nietzsche. Me ha llamado también la atención cuando haces este breve análisis del *Nacimiento de la Tragedia*, porque aquí se plantea que el arte funciona como una ilusión, como un velo, porque la verdad asquea y el hombre siente náuseas ante ella. ¿No es curioso que un filósofo «vitalista» vea en el arte una virtud en tanto que engaña, en tanto que deforma o distorsiona la realidad?

JJ: Bueno, yo creo que lo que él plantea más bien es una manera de pensar el trabajo artístico que a veces se encierra en el propio trabajo artístico, y entonces, lo que yo creo que se suscita es la necesidad de que el arte vaya más allá de lo que son las fronteras academicistas para interrogar lo que hay fuera de esas fronteras. Y yo creo que eso es una crítica al arte de su tiempo.

MO: Hacia el final del capítulo haces a mi parecer una bella reflexión respecto a que ese *más allá* sólo puede estar aquí, lo sublime que no es, pero se manifiesta y de algún modo se convierte en este ideal regulatorio de la humanidad. ¿Entiendes que hay una conexión más fuerte de la que quizás se plantea tradicionalmente entre estética y ética, en tanto que lo sublime podría convertirse en un ideal regulativo también?

JJ: Ya te digo que para mí el componente ético es fundamental en el pensamiento estético. Pero vamos, aquí lo que yo intento subrayar es en qué medida la búsqueda de lo sublime encierra también la búsqueda de algo que está más allá. Pero ese más allá no se encuentra en la afirmación de Dios. Yo soy muy laico, nada creyente y lo que sí pienso es que el desarrollo de las culturas humanas a veces ha buscado ese más allá en el cielo, en los seres divinos, etcétera, pero que, si pensamos en profundidad las cosas, el más allá está aquí. Entonces lo que tenemos que hacer es ser capaces de encontrar un ámbito de convivencia de relaciones sociales, de relaciones personales, de relaciones humanas en las que podamos experimentar una realización positiva de lo que es la vida, y eso es lo que yo creo que está en el fondo en todos los planteamientos de lo sublime, que es una interrogación acerca de dónde estará eso que yo necesito tanto para que la vida sea verdaderamente maravillosa. Búscalo, pero no te vayas al cielo, y tampoco te vayas a la divinización de alguien que es maravilloso. ¿Cómo se construye un contexto de vida? Ya te digo que ahí mi planteamiento es antropológico y de fundamentación cultural de la vida, no metafísico, que me parece central para desarrollar este punto de vista.

MO: Comprendo que resuena ahí la idea nietzscheana de que hay muy poco amor en el mundo como para dedicárselo a seres imaginarios. Acercándonos ya al final, me gustaría abrir una cuestión más general que viene de alguien enamorado de la propuesta de Schiller. No creo que la estética o la reflexión estética sea algo que deba quedar en las aulas o en un despacho. Pienso mucho en esta frase del príncipe Mischkin en la novela *El Idiota* de Dostoievski, que afirma que *la belleza salvará el mundo*. ¿Crees realmente que la belleza salvará el mundo? ¿Qué nos cabe esperar en nuestro tiempo de la reflexión estética?

JJ: Yo creo que *no sólo* la estética salvará, pero la estética es un componente fundamental en la realización positiva de una humanidad más consistente y de mejor criterio. Pero también es verdad que eso implica tener en cuenta la relación que hay entre estética, ética y verdad. Yo en eso ya he dicho antes que tengo un trasfondo kantiano y eso me parece fundamental. Naturalmente no podemos leer la realidad como en el siglo XVIII la leía Kant, pero sí en comunicación con aquello que Kant abrió, que luego ha tenido transformaciones, pero donde esas tres categorías teóricas o filosóficas son fundamentales: verdad, bien y belleza. Entonces, no solamente la belleza constituye la humanidad deseable, sino que la belleza en comunicación con la verdad y en comunicación con la búsqueda de bien ayuda a avanzar en esa dirección y ayuda a su búsqueda y a su posible construcción. Yo en la cuna me leí a Platón completo, y entonces ahí aprendí que el conocimiento sale del diálogo. Entonces eso es lo fundamental. Yo nunca hablo afirmando categóricamente mi planteamiento, y oírte me da criterios para pensar qué cosas pueden tener más o menos interés. Las cosas que yo he ido diciendo, pero a la vez lo que tú dices también me cuestiona y me sirve para reflexionar y para pensar. El conocimiento sale del diálogo, y esto te lo digo también como un elemento fundamental. Yo he dado clase durante 46 años, casi medio siglo, entonces yo he aprendido mucho con los estudiantes, y cuando ahora me preguntan pues yo digo que sigo siendo un estudiante. Eso también lo aprendí de lo que pasaba cuando se dijo en la Hélade que Sócrates era el hombre más sabio: «yo sólo sé que no sé nada», tengo todo por aprender y así sigo. Si no, estaría ya cerrado en una especie de repetición que no soporto. Hay que ir abriendo siempre nuevos caminos de interrogación y de elaboración.

MO: Esto supongo que también implica tener cierto valor, estar preparado para ver lo que hay después de abrir la puerta.

JJ: Sí, pero es fundamental tenerlo. Porque si piensas que ya está todo dicho, eso no tiene sentido. Un libro es un componente más de reflexión y de elaboración teórica, igual que cuando ocupas un papel en la universidad no sirve con decir «ya soy profe, ya está». El buen profesor es alguien que está aprendiendo cada día, en el diálogo con aquellos que preguntan, escuchan y participan en lo que se está practicando. Entonces sabes qué cosas funcionan, qué cosas no funcionan, cómo hay que introducir los matices, y eso es fundamental. Entonces claro, si realmente intentas hacerlo bien, eres un estudiante todo el tiempo. Y si no, estamos perdidos.

La aventura de ser filósofo clínico:
Una entrevista a Fernando Fontoura
Arantxa Serantes

Universidad Francisco de Vitoria

Introducción

En este contexto, la figura de Fernando Fontoura se destaca como un referente destacado en el ámbito de la Filosofía Clínica, desempeñando un papel crucial en la exploración y comprensión de los intrincados vínculos entre la mente y el cuerpo. Con una visión única, Fontoura aborda la tarea de desentrañar las complejidades de los pacientes psicosomáticos, cuyos síntomas, aunque reales, desafían la percepción convencional de la medicina.

La entrevista promete arrojar luz sobre la aventura de ser filósofo clínico, ofreciendo una perspectiva esclarecedora sobre cómo la Filosofía Clínica se erige como un puente entre el pensamiento y la salud física. Exploraremos cómo este enfoque no solo busca abordar los síntomas superficiales, sino también indagar en las raíces emocionales que han tejido la trama de la enfermedad. Acompañaremos a Fontoura en su labor de revisar la historia de cada individuo, buscando comprender el origen de las heridas emocionales que se manifiestan a través de síntomas somáticos.

En este fascinante diálogo, descubriremos cómo la Filosofía Clínica no solo ofrece una alternativa para aquellos casos en los que la medicina tradicional encuentra limitaciones, sino que también puede ser una guía alentadora para aquellos que buscan comprender y sanar las complejidades intrínsecas de la mente y el cuerpo. Una inmersión profunda en el territorio inexplorado de la salud integral, donde la filosofía se convierte en un aliado fundamental en la búsqueda de la curación en un mundo en el que apenas hay tiempo para lo trascendental y profundo.

Entrevista

AS: Arantxa Serantes
FF: Fernando Fontoura

AS: ¿Cómo definirías la filosofía clínica y en qué consiste su aplicación en contextos educativos?

FF: Es muy importante diferenciar la filosofía clínica tanto de la filosofía académica como de otras filosofías terapéuticas y también de las terapias psis, como las psicologías, los psicoanálisis y la psiquiatría. En primer lugar, la filosofía clínica no es la investigación conceptual acerca del ser humano, su ontología, su ética o cualquier otro enfoque y no procura una fundamentación última del vivir. La filosofía clínica está en el ámbito de las terapias, no en las discusiones filosóficas conceptuales.

Con respecto a otras terapias filosóficas, la filosofía clínica no trabaja con teorías o conceptos filosóficos directamente en la clínica, como hace, por ejemplo, la consejería filosófica y otras terapias filosóficas como las existenciales o prácticas. Estas usan conceptos y teorías filosóficas en la relación terapéutica, pero la filosofía clínica es una metodología terapéutica que utiliza conceptos y teorías filosóficas como inspiración para estructurar esta metodología. En este sentido, no usa teorías o conceptos filosóficos como instrumentos terapéuticos.

Con respecto a las psis —psicologías, psicoanálisis y psiquiatría— la filosofía clínica no utiliza ningún lenguaje o concepto de estas, como ego, inconsciente, trastornos, perfiles, salud o enfermedad mental, etc. Tiene su propio lenguaje que proviene de la filosofía, sin embargo, está ajustada a la práctica terapéutica. Aunque la filosofía clínica está en el ámbito de las terapias, como las psis, no tiene ninguna relación epistemológica y de lenguaje con estas. En este sentido, considero la filosofía clínica una metaterapia, en el sentido de estar alejada de las determinaciones conceptuales de la filosofía académica, de los contenidos teóricos de las terapias filosóficas y del lenguaje y práctica de las otras terapias psis. Su aplicación práctica en la terapia está en el ámbito de una filosofía práctica, o sea, muy cerca del mundo de la vida, de la existencia o de la facticidad. En este sentido, hoy en día, la filosofía clínica, en Brasil, está —además del consultorio terapéutico—, en las empresas, en los grupos de educadores o cualquier otra actividad que trabaja con personas, como en los hospitales, escuelas, instituciones sociales o políticas. Como una forma de comprender e intentar restaurar la dinámica de conjunto entre las personas, su ambiente y su estructura interna. Por la filosofía clínica estar en el ámbito de las terapias y no de la filosofía académica, esta última tiene muchas barreras de comprensión acerca de la filosofía clínica en una actitud nada filosófica.

AS: En tu experiencia, ¿cómo puede la filosofía clínica contribuir al desarrollo de habilidades críticas y reflexivas en estudiantes y docentes por igual?

FF: La filosofía clínica tiene características contraculturales en muchos sentidos. Empieza con su concepto fundamental de la práctica terapéutica y del ser terapeuta, o sea, de la actitud terapéutica del filósofo o filósofa clínica: la singularidad. La filosofía académica trabaja en sus pesquisas en el ámbito del universal o del particular. Las teorías filosóficas procuran explicar o prescribir dentro del ámbito del «para todos», como la deontología kantiana, o del «para muchos», como la ética aristotélica. La filosofía clínica trabaja con el singular, con Juan, con María, José, Carmen. Y, por ello, su metodología comprende la estructura interna de cada persona en términos de su singularidad. No hay dos estructuras internas iguales, ni en sus elementos, ni en sus relaciones, ni en su representación de su mundo o historia personal. Ninguna otra terapia hace eso del inicio al final del proceso terapéutico, pues usan de teorías o elementos de fuera de la estructura singular para intentar comprenderla mejor, lo que ya «contamina» el singular.

Dentro de su metodología, la filosofía clínica trae, como actitud del terapeuta, la fenomenología. La escucha fenomenológica tiene como propiedad fundamental comprender lo que aparece desde sus rasgos, en este sentido, sin interpretaciones acerca de lo que no aparece. En filosofía clínica, todo lo que es importante aparece y todo lo que aparece es importante. No se busca lo «de atrás» o la interpretación de lo que el otro «quiso» decir. Nos alejamos completamente del psicoanálisis y de otras formas de terapias interpretativas. Lo que hacemos con lo que aparece es una descripción para comprender lo que aparece en su totalidad de sus rasgos.

La filosofía clínica tampoco usa criterios de valores o axiológicos en lo que aparece por la narrativa de la persona e intenta comprender estos valores y otros criterios desde el sistema de valores de la propia persona.

AS: ¿Cuál es el papel de la filosofía aplicada en la formación docente y cómo puede influir en la manera en que los profesionales de la educación abordan los desafíos éticos y filosóficos en el aula?

FF: Ahora voy a contestar a partir de la perspectiva de la filosofía académica y no del filósofo clínico. Una filosofía práctica no es práctica igual a una medicina o a hacer una casa. El producto de las ciencias prácticas como estas es directamente material. El ámbito de la práctica filosófica es la reflexión abstracta. Todo pasa ahí. Sin embargo, la causa de la práctica filosófica, o sea, de la reflexión abstracta, es el mundo de la vida, sus cuestiones existenciales como la justicia, la educación, la política, las costumbres, la religiosidad, las relaciones humanas. Pero, no es suficiente actuar como mecánicamente acerca de estas cuestiones, y reflexionar respecto de las causas, de las implicaciones éticas o políticas u otra es importante para quién busca una comprensión más ancha o extensa del real. En este sentido, todos podemos filosofar y la filosofía se convierte en un acto filosófico, un filosofar.

La cuestión que empieza el acto filosófico reflexionante viene del mundo de la vida y, acto continuo de reflexionar acerca de estas cuestiones, solo o con otras personas, puede modificar nuestra percepción del real o de nosotros mismos y, a partir de ahí, volver al mundo de la vida con otra perspectiva más amplia, con otra significación de las cosas, del mundo o de nosotros mismos. Y solo en este momento es que, el acto filosófico ya realizado en la reflexión abstracta, se pone como alteración de prácticas en el mundo. El producto del filosofar no está alejado del propio individuo que filosofa. Por eso no es como medicina o hacer casas. La filosofía práctica es aquella que está más cercana de las cuestiones de la vida, pero su práctica es en el ámbito de la abstracción reflexionante.

La postura propiamente filosófica es estructurar el pensamiento crítico y amplio sobre las cuestiones de la vida común y cualquier educador en cualquier asignatura puede motivar o ejercitar sus estudiantes al acto filosófico. En este sentido, Sócrates es nuestro gran maestro.

AS: ¿Qué beneficios específicos puede aportar la filosofía clínica a la resolución de conflictos y la gestión de situaciones éticas en el entorno educativo? ¿Se puede diferenciar del *coaching* o del *counselling*?

FF: La filosofía clínica tiene por rasgo fundamental ser una metodología estructuralista. En este sentido, siempre comprende el individuo singular y sus relaciones en el mundo (su mundo) por la perspectiva de conjunto, de interrelaciones, de interdependencia. Al comprender la estructura singular interna de cada persona, al mismo tiempo comprende este en las relaciones de las cuales está involucrado. La singularidad en la filosofía clínica no es una defensa o apología al individualismo, pues todo singular es un singular con otros, en el mundo, en una cultura. Son las interacciones y relaciones de este singular con su mundo próximo que comprendemos en filosofía clínica. En este sentido, estamos muy alejados de las otras terapias que consideran el individuo como alejado de su mundo o que consideran el social o el contexto de manera mitigada.

Otra cuestión importante en la filosofía clínica es que no hay consejos del terapeuta para el otro. Lo que ocurre en filosofía clínica llamamos construcción compartida que es una manera de, juntos y desde el mundo y lenguaje del otro, construir hipótesis de movimientos internos en la estructura interna de la persona. No hay un saber-poder, sino una relación horizontal y compartida. Un buen paradigma para esta postura terapéutica de la filosofía clínica es el Diálogo Hermenéutico de Gadamer.

AS: ¿Cómo crees que la filosofía aplicada puede ayudar a los educadores a comprender y abordar las diferentes perspectivas filosóficas y éticas presentes en un entorno multicultural y diverso?

FF: Buscando reflexionar sobre las cuestiones del mundo de la vida. Toda profesión y actividad humana tiene sus fronteras éticas, políticas, sociales que exigen un examen más amplio y demorado antes de tomar una decisión. Aunque el filosofar es una actitud intrínseca a todos, es necesario, en muchos casos, tener un poco más de conocimiento sobre la cuestión, por ejemplo, política o ética, para poder comprender mejor la situación y su contexto inmediato. En este sentido, leer sobre filosofía, sociología, antropología u otras, hace parte de un filosofar más amplio y profundo.

El acto del filosofar es inherente a todos como una actividad inicial, pero para mantener esta actividad puede ser que sea necesario una pesquisa mínima en la cuestión que se está intentando comprender para mejor actuar. Un ejemplo simple es la cuestión si está éticamente justificable obtener ganancias aún más grandes por encima de la desgracia de los otros, como ocurrió con el huracán Katrina en los EEUU. Una botella de agua que costaba 2 dólares, tras la tragedia, pasó a costar 10 dólares. Lo mismo ocurrió con los pisos de alquiler, comida, combustible. En este caso, ¿el gobierno debe actuar para intervenir en el libre comercio? ¿El mercado tiene que respetar algún límite ético? ¿Hay límites éticos en el mercado? Pues, del mundo de la vida, si cambiamos nuestra perspectiva de los hechos, mirarlos desde una perspectiva más crítica, estaremos en el portal del acto del filosofar.

AS: En tu opinión, ¿cómo la filosofía aplicada puede mejorar la relación entre docentes y estudiantes, fomentando un diálogo más profundo y significativo en el aula?

FF: Creo que la respuesta de arriba es suficiente, en el sentido de traer para las clases de filosofía las cuestiones de la vida fáctica, incluso para las cuestiones más metafísicas. Los presocráticos son un buen ejemplo de eso.

¿Cuáles son los desafíos más comunes que enfrentan los educadores en términos éticos y filosóficos, y cómo puede la filosofía clínica ayudar a enfrentar estos desafíos de manera constructiva? La primera cuestión —¿Cuáles son los desafíos más comunes que enfrentan los educadores en términos éticos y filosóficos?— no sé precisar exactamente cuáles son estas cuestiones, pues depende de cada caso, de cada grupo y de cada profesor. Pero, para la segunda cuestión —¿cómo puede la filosofía clínica ayudar a enfrentar estos desafíos de manera constructiva?— creo que una formación básica de los profesores en filosofía clínica los ayudará a comprender mejor cómo las intersecciones suceden o pueden suceder entre el profesor y su grupo. La filosofía clínica tiene su base metodológica fundamental en el estructuralismo, que permite comprender las relaciones desde una noción de conjunto. La dinámica de conjunto no es más que un sistema de relaciones en movimiento, y si el profesor tiene la comprensión de este sistema y cómo funciona, tiene una lectura más amplia y funcional del grupo. Esta percepción puede ayudarlo a desarrollar mejor sus estrategias educativas y pedagógicas.

AS: ¿Crees que la incorporación de la filosofía aplicada en la formación docente puede contribuir a la prevención del agotamiento y la fatiga emocional en el personal educativo? ¿Cómo?

FF: Si te estás refiriendo a la filosofía clínica, creo que la respuesta anterior ya es suficiente.

En el contexto actual de cambios constantes en la educación, ¿cómo puede la filosofía clínica ayudar a los educadores a adaptarse y enfrentar los desafíos emergentes de manera ética y reflexiva?

De dos maneras puede ayudar la filosofía clínica en esta situación. Una, que los educadores realicen la formación en filosofía clínica —una formación adaptada, pues la

formación completa es para quien quiere ser terapeuta—
pues es una formación que ayuda a comprender a sí y a
los otros de una manera muy diferente de las otras meto-
dologías terapéuticas. Dos, es hacer terapia con un filósofo
clínico para que el educador se comprenda a sí mismo de
una manera amplia y estructuralmente funcional. Muchas
personas que trabajan directamente con otras personas o
con grupos, tienen una buena experiencia con la filosofía
clínica, como médicos, educadores, gerentes empresaria-
les, etc.

**AS: Finalmente, ¿Puedes compartir ejemplos
concretos o experiencias en las que la aplicación de
la filosofía clínica haya tenido un impacto positivo
en el ámbito docente o educativo?**

FF: He trabajado como filósofo clínico en una institución social, hogares geriátricos y en algunas escuelas
públicas en Brasil, en mi ciudad, Porto Alegre. En la institución social, trabajé con el grupo de los educadores sociales, entre 8 a 12 personas. Había en este grupo divisiones,
subgrupos que tenían pensamientos diferentes acerca de
sus prácticas y teorías educativas. Como filósofo clínico,
apliqué el método, que es igual para una persona individual y para un grupo, para comprender cuáles eran los
elementos estructurales que estaban en conflicto entre los

grupos. Al comprender cómo era la estructura funcional del grupo y sus puntos conflictivos, todo el grupo se involucra para comprender e intentar encontrar soluciones. La reestructuración no siempre es pacífica y serena, pero si el grupo está involucrado en mejorar su ambiente en función de un objetivo mayor, la educación de sus niños, el trabajo acaba por lograr su objetivo. En el hogar geriátrico trabajé con las personas mayores en reuniones semanales de charla en grupo. En un lugar donde hay más dependencia de otras personas para que el grupo pueda tener cierta autonomía, es importante involucrar el grupo todo o la mayor parte de este posible, como las enfermeras y cuidadoras de las personas mayores. La autonomía del grupo de las personas mayores es restricta por muchas razones, sea porque hay problemas físicos serios, sea porque su condición física es limitada, sea por las normas del hogar. En este trabajo, siempre que conseguí involucrar a alguien de la familia, ayudó bastante, pues era más un soporte de autonomía para la persona mayor. La metodología es la misma, comprender estructuralmente el funcionamiento del grupo desde algunas características de las personas que están involucradas en las actividades de este grupo. En este caso, como en los casos de las escuelas públicas en las que trabajé, quedó claro que es importante que algunas personas de la directiva estén también involucradas, para que sancionen la autonomía del grupo y actúen en el mismo. Como es un trabajo en grupo y no una terapia personal para cada miembro del grupo, se puede decir que es un trabajo rápido, dependiendo del grupo y de su implicación en el tema.

Bibliografía general

— ANGULO CAICEDO, NUBIA JANETTE. (2017). *Política y persona. Visión política del personalismo desde una lectura contemporánea de Emmanuel Mounier*. Universidad Católica de Colombia.

— ARISTÓTELES. (2014). *Ética a Nicómaco*. Gredos.

— ARISTÓTELES. (2018). *Metafísica*. Gredos.

— AYERRA DUESCA, NURIA JULIA. (2022). Reconocimiento de la prostitución como trabajo susceptible de protección: Diferentes fórmulas jurídicas. *IUSLabor. Revista d'anàlisi de Dret del Treball*, (3), 89-119. https://www.raco.cat/index.php/IUS-Labor/article/view/405494

— BACHELARD, GASTON. (2022). *El agua y los sueños: Ensayo sobre la imaginación de la materia*. Fondo de Cultura Económica.

— BALLÉN RODRÍGUEZ, JUAN SEBASTIÁN. (2023). La vida no te pertenece: Sobre tanatopolítica. *Numinis Revista de Filosofía*, 1(2), pp. 153-181. https://dialnet.unirioja.es/servlet/articulo?codigo=9217145

— BAÑA, MARTÍN Y GALLIANO ALEJANDRO. (2021). Prólogo. La muerte es un lujo innecesario: Del cosmismo ruso al transhumanismo universal. En GROYS, BORIS. (comp.). *Cosmismo ruso: Tecnologías de la inmortalidad antes y después de la revolución de octubre*. (27-49). Caja Negra.

— BOZA MORENO, ELENA. (2018). *La prostitución como trabajo*. Tirant lo Blanch.

— BURGOS, JUAN MANUEL. (2012). *Introducción al personalismo*. Ediciones Palabra.

— CAVENDISH, MARGARET. (2001). *Observations upon Experimental Philosophy*. Cambirdge University Press.

— COLPLESTON, FEDERICK. (2011). *Historia de la filosofía: De la Grecia antigua al mundo cristiano, Vol. 1*. Editorial Ariel.

— CORTINA, ADELA. (1996). *El quehacer ético. Guía para la educación moral*. Santillana.

— CORTINA, ADELA. (2002). La dimensión pública de las éticas aplicadas. *Revista Iberoamericana De Educación*, 29, 45-64. https://doi.org/10.35362/rie290950

— CORTINA, ADELA. (2009). *Ética de la razón cordial. Educar en la ciudadanía en el siglo XXI*. Ediciones Nobel.

— CORTINA, ADELA. (2014). *Alianza y Contrato. Política, ética y religión*. Editorial Trotta.

— CORTINA, ADELA. (2020). *Ética mínima*. Tecnos.

— CORTINA, ADELA. (2021a). *Ciudadanos del mundo. Hacia una teoría de la ciudadanía*. Alianza Editorial.

— CORTINA, ADELA. (2021b). *¿Para qué sirve realmente la ética?* Paidós.

— CORTINA, ADELA. (2022). *Ética aplicada y democracia radical*. Tecnos.

— DAVIS, ANGELA Y. (2003). *Are prisons obsolete?* Seven Stories Press.

— DELEUZE, GILLES Y GUATTARI, FÉLIX. (2017). *El Anti-Edipo*. Paidós.

— DPL NEWS. (3 de mayo de 2023). *Los guionistas de Hollywood están en huelga y parte del problema es la AI*. DPL News. https://dplnews.com/los-guionistas-de-hollywood-estan-en-huelga-y-parte-del-problema-es-la-ai/

— FIÓDOROV, NIKOLÁI. (2021). El museo, su significado y su designio (1906). En GROYS, BORIS. (comp.). *Cosmismo ruso: Tecnologías de la inmortalidad antes y después de la revolución de octubre.* (51-105). Caja Negra.

— FORTIS, SAVANNAH. (23 de agosto de 2023). *Estudios de Hollywood ofrecen una nueva propuesta de IA y transparencia de datos para frenar la huelga de actores y guionistas.* Cointelegraph. https://es.cointelegraph.com/news/hollywood-studios-proposal-for-ai-and-data-transparency

— FUENTES, NICOLÁS. (2023). Superación de la aporofobia desde la educación, compasión e instituciones en la ética de Adela Cortina. *Inmanere*, 2, 3–10. https://doi.org/10.21703/2735-797X.2023.1727

— GABRIEL, MARKUS. (2021). *Ética para tiempos oscuros: Valores universales para el siglo XXI.* Ediciones de Pasado y Presente.

— GARCÍA MÁRQUEZ, GABRIEL. (2024). *Vivir para contarla.* Random House.

— GARCÍA MORENTE, MANUEL. (1996). *Lecciones preliminares de filosofía, Obras completas Tomo II, Vol. 1 (1937-1942).* Editorial Anthropos.

— GARGARELLA, ROBERTO. (2016). *Castigar al prójimo. Por una refundación democrática del derecho penal.* Siglo XXI.

— GONZÁLEZ PADILLA, AYOZE. (ed., 2024). *Inteligencia artificial, ética y tecnofilosofía: Ensayos sobre sesgos algorítmicos, crisis ecosocial, transhumanismo y otros disruptivos.* Lulaya Ediciones.

— GONZÁLEZ PADILLA, AYOZE. (narrador, 2023). *Pensando Juntos: Un viaje por la Filosofía, la Música y el Arte en la unicidad de lo múltiple. Vol. 1.* Universidad Autónoma de Madrid/Lulaya Ediciones.

— GROYS, BORIS. (2021). *Cosmismo ruso: Tecnologías de la inmortalidad antes y después de la Revolución de Octubre.* Caja Negra.

— HAN, BYUNG-CHUL (2023). *La crisis de la narración.* Herder.

— KANT, IMMANUEL. (1972). *Crítica de la razón pura*. Porrúa.

— KANT, IMMANUEL. (2021). *Pedagogía*. Akal.

— KROPOTKIN, PIOTR. (2020). *El apoyo mutuo. Un factor de evolución*. Pepitas de Calabaza.

— LLEDÓ, EMILIO. (2018). *Sobre la educación. La necesidad de una Literatura y la vigencia de la Filosofía*. Taurus.

— LLORCA, ALBERT. (1983). Emmanuel Mounier o el filosofar al servicio de la persona. En *Espíritu: cuadernos del Instituto Filosófico de Balmesiana*, ISSN 0014-0716, Año 32, N.º. 88, pp. 141-156.

— MACINTYRE, ALASDAIR. (2023). *Tras la virtud*. Austral.

— MARX, KARL. (2017). *Crítica del Programa de Gotha*. CreateSpace.

— MATEOS, JOSÉ. (2024). *Los nombres que te he dado*. Fundación José Manuel Lara.

— MAUSS, MARCEL. (2010). *Ensayo sobre el don: Forma y función del intercambio en las sociedades arcaicas*. Katz Ediciones.

— MOUNIER, EMMANUEL. (1936) [1976]. *Manifiesto al servicio del personalismo*. Taurus.

— MUMFORD, LEWIS. (2010). *El mito de la máquina*. Pepitas de Calabaza.

— MUMFORD, LEWIS. (2010b). *El pentágono del poder, El mito de la máquina Vol. 2*. Pepitas de Calabaza.

— MUÑOZ CONDE, FRANCISCO Y GARCÍA ARÁN, MERCEDES. (2022). *Derecho penal. Parte general*. Tirant Lo Blanch.

— PULEO, ALICIA. (2020). *Ecofeminismo. Para otro mundo posible*. Cátedra.

— RAMOS-ALARCÓN MARCÍN, LUIS. (2020). «Spinoza y los animales» en *Los filósofos ante los animales. Historia filosófi-*

ca sobre los animales (eds. Leticia Flores Farfán y Jorge Linares Salgado). Almadía.

— REALE, GIOVANI. (2007). *Introducción a Aristóteles*. Herder.

— RICŒUR, PAUL. (2020). *Antropología filosófica*. Biblioteca de Autores Criatianos.

— RIECHMANN, JORGE. (2013). *El siglo de la gran prueba*. Baile del Sol.

— SVYATOGOR, ALEXANDER. (2021). La poética biocosmista (Prólogo o primer grado) (1921). En GROYS, BORIS. (comp.). *Cosmismo ruso: Tecnologías de la inmortalidad antes y después de la revolución de octubre*. (129-137). Caja Negra.

— THALLIUM, MICHAEL. (2023). *Me creí inmortal hasta que me morí*. Valnera Ediciones.

— THALLIUM, MICHAEL. (2024). *Dos años de* Numinis *con Michael Thallium: En la brega de la vida y la literatura*. Lulaya Ediciones.

— TSIOLKOVSKY, K. E. (2023). *La colonización del universo: Ética y filosofía del espacio*. Elefante Books.

— VILLACAMPA ESTIARTE, CAROLINA. (ed., 2012). *Prostitución ¿hacia la legalización?* Tirant lo Blanch.

— WATERCUTTER, ANGELA Y OSORNIO, ANDREI. (14 de julio de 2023). *La huelga de actores de Hollywood y la lucha contra la IA*. WIRED. https://es.wired.com/articulos/huelga-de-actores-de-hollywood-y-la-lucha-contra-inteligencia-artificial

— WEIL, SIMONE. (2003). *El Conocimiento Sobrenatural*. Trotta Editorial.

— WEIL, SIMONE. (2007). *La Gravedad y La Gracia*. Trotta Editorial.

— WEIL, SIMONE. (2014). *Echar raíces*. Trotta Editorial.

— ZAMBRANO, MARÍA. (2016). *Filosofía y poesía*. FCE.

Ayoze González Padilla (Tenerife, 1989), es un pensador, escritor, investigador y creador español que ha llevado a cabo su actividad de forma interdisciplinar. En 2023 se graduó en Filosofía y en Historia y Ciencias de la Música y Tecnología Musical por la Universidad Autónoma de Madrid, y en 2024 de un máster universitario en Bioética por la Universidad Pontificia Comillas, y a finales de 2024 se graduará en Ciencias Religiosas por Tech Universidad Tecnológica. Tras realizar una estancia de investigación a través de una beca en el Instituto de Filosofía del CSIC sobre «ética y tecnologías disruptivas», dedicó su trabajo fin de máster a elaborar un primer borrador sobre la Bioética del espacio, trabajo que será publicado próximamente.

Su motivación por continuar desarrollando una Bioética del espacio le llevará a iniciar un doctorado, que compaginará con el grado en Física por la Universidad Internacional de Valencia. Su interés radica en indagar sobre cuáles son los aspectos más acuciantes que deben examinarse a la luz de nuestra salida el espacio ultraterrestre fruto de la exploración espacial, cuya superación dualista entre Tierra y Espacio nos hace indagar sobre una realidad relacional y de continuo. Otras líneas de investigación son la ética de la inteligencia artificial, la relación entre música, filosofía y criminología y nuevas tendencias estéticas y literarias.

En 2024 recibió el primer premio del V Concurso Literario LGBT La Laguna Orgullosa, fruto del cual se publicará su primer poemario *Sanctus: Déjame entrar* con LeCanarien Ediciones. Además, ha publicado otros libros como editor, coordinador y autor como son *Pensando Juntos: Un viaje por la Filosofía, la Música y el Arte en la unicidad de lo múltiple. Vol. 1* (2023), *Hip-Hop Anthology: Vol. 1* (2023), *Inteligencia artificial, Ética y Tecnofilosofía: Ensayos sobre sesgos algorítmicos, crisis ecosocial, transhumanismo y otros disruptivos* (2024). También ha publicado en revistas como *Bajo Palabra, Patrimonio, Dilemata* y *Numinis*.

Aparte de su labor investigadora ha desarrollado también una amplia actividad como gestor cultural, director creativo y artista gráfico y dancístico. En 2008 fundó la Asociación Socio-Cultural Lulaya Funk donde actualmente sigue como presidente y donde ha creado la editorial Lulaya Ediciones. En 2022 creó la revista de filosofía *Numinis* y en 2023 *Lulaya The Journal*, ambas cuentan con el apoyo de la UAM. Su obra gráfica *Essence of Humanity* ha sido seleccionada para aparecer en el libro internacional de arte *The Visions of Tomorrow* de Metamorfosis Book.

Afiliaciones institucionales

- Ayoze González Padilla. *Numinis Revista de Filosofía (UAM)*.

- Teresa López Franco. *Universidad Autónoma de Madrid.*

- Pablo Verde Ortega. *Universidad Autónoma de Madrid.*

- Valentín González Pérez. *Numinis Revista de Filosofía (UAM)*.

- Francisco José Arrocha García. *Universidad Pontificia de Comillas - Asociación Española de Personalismo.*

- Vladimir Sosa Sánchez. *Numinis Revista de Filosofía (UAM)*.

- Michael Thallium. *Numinis Revista de Filosofía (UAM)*.

- Arantxa Serantes. *Universidad Francisco de Vitoria.*

- Sergio Cánovas Flores. *Numinis Revista de Filosofía (UAM)*.

- Eduardo Torres Morán. *Universidad Autónoma de Madrid.*

- Daniel Escoto Ledesma. *Universidad Westhill.*

- Nicolás Fuentes Valdebenito. *Universidad Adolfo Ibáñez.*

- Mariana García Campos. *Numinis Revista de Filosofía (UAM)*.

- Manuel García Domínguez. *Universidad Complutense de Madrid.*

- Héctor Montón Julve. *Numinis Revista de Filosofía (UAM)*.

- Saray Rodrígues Pérez. *Universidad de Vigo.*

- Mijaíl Oyarzabal Zabiyaka. *Universidad Autónoma de Madrid.*

LULAYA
Ediciones

Catálogo
Lulaya Ediciones

Lulaya Literatura

Alejandro Reyes Rimón.
Parmocles o de la originalidad.
Publicado.

Arantxa Serantes y Manuel Gutiérrez.
Minotauro: El escritor en el laberinto.
Próximamente, 2024-2025.

Voces que no ven (poesía).

Cultura Urbana

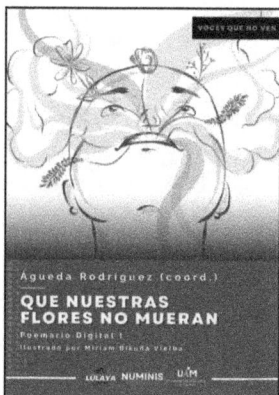

Águeda Rodríguez (coord.)
Que nuestras flores no mueran: Poemario Digital I
Publicado.

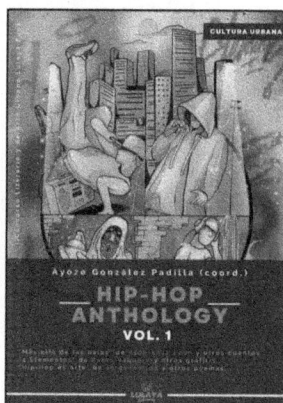

Ayoze González Padilla (coord.).
Hip-Hop Anthology: Vol. 1.
Publicado.

Lulaya Ensayo

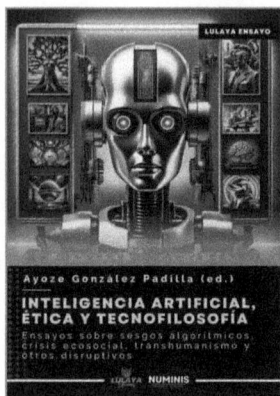

Ayoze González Padilla (ed.).
Inteligencia Artificial, Ética y Tecnofilosofía: Ensayos sobre sesgos algorítmicos, crisis ecosocial, transhumanismo y otros disruptivos.
Publicado.

Michael Thallium.
Dos años de Numinis con Michael Thallium: En la brega de la vida y la literatura.
Publicado.

Ayoze González Padilla (narrador).
Pensando Juntos: Un viaje por la Filosofía, la Música y el Arte en la unicidad de lo múltiple. Vol. 1.
Publicado.

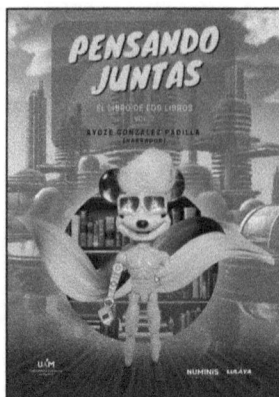

Ayoze González Padilla (narrador).
Pensando Juntas: El libro de los libros. Vol. 2.
Próximamente, 2024.

Nueva Filosofía

Ayoze González Padilla (ed.).
Filosofía contemporánea: Las formas de la multitud.
Publicado.

Lulaya Academy

Lulaya The Journal. N. º 1, 2023.
La mejor selección de reseñas sobre libros.
Publicado.

Lulaya Academy

Numinis Revista de Filosofía.
Época 1, N. º 1, 2023.
Publicado.

Numinis Revista de Filosofia.
Época 1, N. º 2, 2023.
Publicado.

Lulaya Ensayo

1. Arantxa Serates. (coord., 2024). *Mujeres STE(A)M: Tecnologías para el bien común*. Lulaya Ediciones. PUBLICACIÓN EN 2024.

2. Ayoze González Padilla. (ed., 2024). *Hispaniland: Sobre la Política en España*. Lulaya Ediciones. PUBLICACIÓN EN 2024.

3. José Manuel Fernández Santana. (2024). *Bases para una Teoría General del Ateísmo: Del literal A-teos a la conceptualización filosófica*. Lulaya Ediciones. PUBLICACIÓN EN 2024.

Lulaya Academy

1. *Numinis Revista de Filosofía*. N.º 3. Edición Especial «Música y Género». Universidad Autónoma de Madrid/Lulaya Ediciones. PUBLICACIÓN EN 2024.

2. *Numinis Revista de Filosofía*. N.º 4. Universidad Autónoma de Madrid/Lulaya Ediciones. PUBLICACIÓN EN 2024.

3. *Lulaya The Journal*. N.º 2, 2024. Lulaya Ediciones. PUBLICACIÓN EN 2024.

4. *Lulaya The Journal*. N.º 3, 2025. Monográfico sobre Inteligencia Artificial. Lulaya Ediciones. PUBLICACIÓN EN 2025.

Cultura Urbana

1. Ayoze González Padilla. (coord., 2024). *Hip-Hop Anthology. Vol. 2*. Lulaya Ediciones. DICIEMBRE DE 2024.

COLECCIÓN

NUEVA FILOSOFÍA